培养你的逻辑脑

宋欣桐 著

中国华侨出版社

·北京·

图书在版编目（CIP）数据

培养你的逻辑脑：人人都需要的思维导图课 / 宋欣
桐著 . —北京：中国华侨出版社，2019.12（2021.9 重印）
ISBN 978-7-5113-8084-5

Ⅰ . ①培… Ⅱ . ①宋… Ⅲ . ①逻辑思维—通俗读物
Ⅳ . ① B804.1-49

中国版本图书馆 CIP 数据核字（2019）第 273312 号

培养你的逻辑脑：人人都需要的思维导图课

著　　者：宋欣桐
责任编辑：刘雪涛
装帧设计：颜　森
文字编辑：张　丽
经　　销：新华书店
开　　本：880mm×1230mm　1/32　印张：7.5　字数：160 千字
印　　刷：天津旭非印刷有限公司
版　　次：2020 年 5 月第 1 版　　2021 年 9 月第 2 次印刷
书　　号：ISBN 978-7-5113-8084-5
定　　价：46.80 元

中国华侨出版社　北京市朝阳区西坝河东里 77 号楼底商 5 号　邮编：100028
发 行 部：（010）57484249　　　　传真：（010）57484249
网　　址：www.oveaschin.com
E-mail：oveaschin@sina.com

如果发现印装质量问题，影响阅读，请与印刷厂联系调换。

目 录
CONTENTS

序 言

序一　知行合一　终身成长

电影《后会无期》中，有很多让人印象深刻的台词，其中"听过很多道理，却依然过不好这一生"引发了很多的共鸣。为什么"听过很多道理"，往往对"过好这一生"没什么明显的帮助呢？

要想弄清楚这个问题，我们需要深入理解以下这个模型：

知识——行动——能力——成果

从个人成长的角度理解这句话，就是"听了很多课，看了很多书，学了很多知识，却依然没做出什么成果"。这样一理解，结合之前的模型，相信正在看这本书的你，一定也能够明白，获取知识和取得成果之间，其实还有两个关键步骤——行动以及能力养成。

很多人的成长进步，其实就是"卡"在这两个关键步骤上了。

举个例子，我在线下给企业员工讲的《思维导图职场商务实战》这门课程，评分一直非常高。几乎每个来听课的学员都表示，这个工具实在太有用了，而且回去以后，很多人几乎每天都会用到，大大提升了他们的工作效率。这也不奇怪，据统计，思维导图是世界500强员工电脑使用频率排行前三的工具。

但是，问题来了，既然思维导图这么有用，而且来参加课程的很多同学，还专门买过思维导图的书来学习，但为什么在参加培训之前，他们并没有掌握这个技能呢？

调研之后，我发现原因主要有以下两点：

第一，很多人看了思维导图的书，知道了来龙去脉和大概绘制方法，就觉得自己已经掌握得差不多了，但是却没想清楚如何使用、什么时候用，所以书一合上，一张思维导图都没做过，我将其总结为——"已经知道这个知识，却没有采取行动"；

第二，在工作中也偶尔会绘制思维导图，但画着画着，就觉得绘制的过程有些烦琐，兴趣一过，也就和思维导图说拜拜了。这种情况，可以简称为"行动的方式不科学"。

再来看一下这个模型：

知识——行动——能力——成果

想要取得成果，你必须具备相应的能力。而能力，绝不是"听了很多道理"之后就能拥有的，必须通过不断的行动，加上行动过程中的反馈、修正、提升，才能一步步养成。

培训课程往往比书籍贵的核心原因就是，好的、有效果的培训课程往往会直接导入行动，并直接给予反馈。在课堂上完成了解知识——转化行动——养成能力的全过程，并且基于具体应用场景来实战演练，这样一番训练之后，学到的知识就能够直接应用到成果的创造中了。

所以，真正的改变应该"从行动开始"。

其实，很多人不行动，不是因为不想，而是因为"行动指南"不够具体，以至想要行动，却不知如何开始。我们经常说一个人，说话做事逻辑清晰，意思就是他思考和做事有思路、有方法，步骤清晰。本书命名为《培养你的逻辑脑》的原因，正因为这是一本讲解做事的底层逻辑和方法论的工具书，是为你量身定制的"行动指南"。

本书形成的原因之一，源于我妹妹婷婷的建议。

婷婷毕业之后，到了一家本地的互联网创业公司工作。公司不大，并不像外企和大型国企，有定期的培训，知识和能力主要靠自学。婷婷本身积极好学，经常利用周六日的时间，以"助教"的身份和我一起去上课，思维导图职场实战、结构思考力与金字塔原理、问题分析与解决、快速思考与有效表达、公众表达力、时间管理、高效学习……一门门在大学几乎不会学到，却对个人成长至关重要的课程，婷婷都认真努力地学习着。

她也是个行动力很强的人，会主动把课上学到的方法，应用到她的实际工作中。我感受到了她的快速成长，短短一年，她已经从职场新人，成为公司独当一面的项目经理。

她告诉我，其实她身边有很多人，想要像她一样快速成长为更加优秀的自己，但怎奈具体如何行动却不甚清晰。她问我，是否可以把线下培训的最精华部分，特别是每种能力的"行动指南"写成一本书，让那些和她一样的职场新人可以少走弯路，快速成长。于是，便有了这本书的雏形。

每本书都有最适合它的受众，这本《培养你的逻辑脑》便是写给如婷婷一般积极好学，想要快速成长的职场新人。积极好学，在我心里，几乎是给一个人的最大赞美。因为积极好学，代表着你有自驱力。这些主题虽然每一种都至关重要，却没有老师去监督你是否真的在行动。想要真正有所收获，需要积极好学的心态，自我驱动，完成从知识、行动到能力养成、取得成果的全过程。

本书的方法论来自线下经典培训课程以及几百本经典书籍：思维导图课以及另外四门系列课程所培养的能力，都是个人成长所需要的通用核心能力，无论你从事何种工作，这些能力的养成都至关重要。

这本书形成的原因之二，源于我见证了太多人因践行这些方法论而受益。

在四川大学商学院，我们成立了"五堂课俱乐部"，推广提升通用能力的课程，在没有任何广告，全靠同学的口碑传播的情况下，每次报名链接一出，不到五分钟的时间，名额就会被抢光。同学们反馈了一个个因为具体践行这些方法论，给自己的工作和生活带来的正向改变，从而吸引了更多的人加入。

现在，"五堂课俱乐部"北京分部、上海分部也在陆续启动中。但是，仅仅靠线下课程，我们能够影响和服务的人群毕竟太少了。于是，这本书也是我们五堂课的践行成果，让不能参与到活动，却一样希望成长的同学们，也能够有具体的"行动指南"。

原因之三，源于我自身的小小初心。

我读大学时，参加过一档求职类电视栏目《非你莫属》。那时的自己由于不喜欢所学专业，感到非常迷茫。而毕业后也由于对成长的焦虑，主动地寻找线上、线下的课程，持续地学习。

　　"个人战略"课，使我找到了自己职业发展的方向，找到了工作的意义感，再也不迷茫；通过"时间管理"课，我学到的方法论帮助我哪怕身兼N职，还要照顾家庭、培养孩子，依然能够让工作卓有成效；"高效学习"课，让我在在职备考的压力下，高分考入四川大学商学院，并一次性通过了国家注册咨询工程师的考试；"公众表达"课，为我成为一名优秀的职业培训师埋下伏笔；而最重要的"逻辑思维"课，则通过思维导图这一工具和金字塔原理等方法论的学习，为我打下了坚实的逻辑思维的底层能力，并最终促进了其他能力的跃迁。

　　本书中的主题，每一个都是点亮我生命的灯火，让我成为了今天的自己——职业培训师，同时也是一家公司的创始人。

　　我真的很希望，这些经典的方法论，能够让更多的人受益。无论你是大学生、职场新人，还是处于职场发展瓶颈的老职场人，这些能力都是值得我们去学习和培养的。

序二　打造个人的核心竞争力

让我们从三道题目，思考一下我们的核心竞争力。

第一题：你对自己的职业有安全感吗？

也许有人会说，"我们公司发展前景不错，我很有安全感啊"。我们很有必要了解以下这些数据：

今天，一个中关村中小企业的平均寿命只有1年，整个中小企业的平均寿命是2.97年，世界500强的平均寿命是40年，世界1000强是30年。

也就是说，即使发展前景很不错的公司，也可能在你猝不及防之下，就寿终正寝了。

也许有人还说："我的公司已经做到行业领先，我退休前大概是不会倒闭的，这样我总安全了吧？"那可能，我们还要关注一下京东50%裁员计划。

京东目前员工的总数是16万，为了提高京东服务与管理竞争力，刘强东在2018年宣布了一件大事：未来京东员工数量减半，每天只需工作2~3小时，将全面实现"无人公司"，用AI技术颠覆传统管理与服务方式。

而交给 AI 和机器人后的京东意味着，50% 员工将会被淘汰！富士康也启动了百万机器人计划，70% 的工作将由机器替代，直接导致数十万人下岗。

这个时代，行业变得越来越没有边界，抢你职位的并不一定是同行业的竞争者，可能是从其他行业跳过来的"斜杠青年"，甚至，根本就不是人。

有报告发现，在美国注册的职业中，未来会消失 50%，中国更甚，将会有 70% 消失。

所以，任何行业、公司都没法带给我们真正的安全感。真正的安全感，是自己给自己的，哪怕没有组织品牌为你背书，但是你依然拥有自己的职业品牌。

第二题：怎样拥有自己的职业品牌，获得真正的职业安全感？

为了回答这个问题，我们需要了解一个经典模型—— 职业竞争力金字塔。

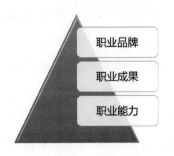

职业金字塔的顶端就是我们最希望拥有的"职业品牌"。拥有自己的职业品牌意味着，猎头会主动寻找你，为你提供更好的机

会；你的同事如果去了更好的平台，会愿意用自己的信用为你背书推荐你。

金字塔的中层，是职业成果。比起你所描述的具备出色的产品设计能力、运营能力、沟通能力等修饰语，人们更容易被你具体做成的事情说服。所以，在职场，"成果思维"极其重要。如果你是产品经理：做出好产品大于成为公司的产品总监；如果你是新媒体运营，做出百万粉丝的大号比你的从业年限重要得多；"你的成就事件"就是你个人品牌的背书。

而想要不断积累职业成果，必不可少的一步，就是不断地提升自己的"职业能力"。职业能力是职业竞争力金字塔的基座。真正的稳定是你在风暴之前就未雨绸缪，抓住机会学习，不断成长。在这个时代，你的工作会背叛你，你的行业会背叛你，你的专业会背叛你，唯一不会背叛你的，就是你的能力。

自下而上，职业竞争力金字塔分别由职业能力、职业成果、职业品牌构成。对职业竞争力金字塔有所了解，意味着我们有了行动的方向：

为了打造个人品牌，必须积累职业成果，而想要不断积累职业成果，就要不断地提升自己的"职业能力"。

虽说拥有了职业能力并不是取得职业成果的充分条件，我们还需要合适的平台和一定的机遇，但俗话说的"机会总是留给有准备的人"，却是颠扑不破的真理。所以，把握好自己能够控制的部分，不断提升职业能力，那些看似不可控的平台和机遇，也会随之而来。

第三题：职业能力会不会过期？什么能力不易过期？

在线下培训的时候，我经常会问这个问题，而大部分学员会脱口而出：不会。能力怎么会过期呢？但仔细思考之后，很多人又会说，确实，有些能力是会过期的。"过期"的意思就是，你很难继续凭借某个能力持续地获取相应的回报了。

基础财务做账、银行柜员业务处理、投资银行交易、基础法律咨询……很多我们大学学习的专业知识，或者工作中容易被编程化、流程化的内容，都有可能被人工智能取代。

你无法改变这个时代，你甚至来不及抱怨，唯一能做的就是以不变应万变，不仅要提升自己的专业能力和行业经验，也要学习通用能力，只有这样，才能够在这个飞速变化的时代中，获得持续的竞争力。

这本《培养你的逻辑脑》便是以逻辑思维能力为基础，提升思考力、表达力、执行力、学习力和战略力五种通用能力，帮助我们取得职业成果，打造职业品牌，从而拥有真正的无可取代的核心竞争力。

让我们开始吧！

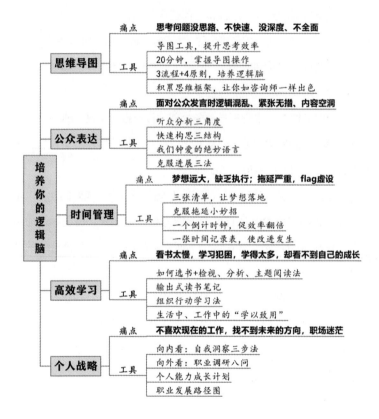

培养你的逻辑脑

思维导图
- 痛点：思考问题没思路、不快速、没深度、不全面
- 工具：
  - 导图工具，提升思考效率
  - 20分钟，掌握导图操作
  - 3流程+4原则，培养逻辑脑
  - 积累思维框架，让你如咨询师一样出色

公众表达
- 痛点：面对公众发言时逻辑混乱、紧张无措、内容空洞
- 工具：
  - 听众分析二角度
  - 快速构思三结构
  - 我们钟爱的绝妙语言
  - 克服进展三法

时间管理
- 痛点：梦想远大，缺乏执行；拖延严重，flag虚设
- 工具：
  - 三张清单，让梦想落地
  - 克服拖延小妙招
  - 一个倒计时钟，促效率翻倍
  - 一张时间记录表，使改进发生

高效学习
- 痛点：看书太慢，学习犯困，学得太多，却看不到自己的成长
- 工具：
  - 如何选书+检视、分析、主题阅读法
  - 输出式读书笔记
  - 组织行动学习法
  - 生活中、工作中的"学以致用"

个人战略
- 痛点：不喜欢现在的工作，找不到未来的方向，职场迷茫
- 工具：
  - 向内看：自我洞察三步法
  - 向外看：职业调研八问
  - 个人能力成长计划
  - 职业发展路径图

第一课

思维导图

思维导图——培养你的逻辑脑

很多职场人十都有这样的困扰：

向领导汇报工作时，被批评思路不清，啰里啰唆讲半天，领导依然不知道自己要汇报的重点是什么……

工作需要沟通时，明明觉得自己心中明白，说出来却表达不清，对方听不懂；表达不对，对方理解错误；表达不简明扼要，对方不耐烦，导致工作效率低下，推进不顺利……

遇到这些问题时，我们可能会自问："我的表达能力有问题吗？我是不是应该报一个演讲班？"

其实，这类问题往往不仅仅是表达能力的问题，更是逻辑思维的问题。不懂逻辑思维，就会出现沟通不畅、效率低下、事情无法推进等情况。

只有想清楚，才能说明白。思维清晰，是解决一切问题的前提。

逻辑思维是一项处理工作和生活问题的必备技能

很多时候，我们有很多时间都浪费在了无效沟通和不停的返工中。一旦学会用逻辑思维"武装"自己，就能快速地表达观点，厘清头绪，找到问题的切入点和关键点，让问题迎刃而解！

你会发现，有关逻辑思维的书数不胜数。但是，清晰的逻辑思维不是一种知识，而是一种能力。所以，你看再多的书也只是刚刚迈出了第一步。想要拥有清晰的逻辑思维，只有一种方法，那就是——使用正确方法持续地刻意练习，才能够真正培养能力。

幸运的是，训练逻辑思维的方法非常简单——在工作和生活中持续地使用思维导图。

思维导图——培养你的逻辑脑

思维导图，被称为"大脑的瑞士军刀"。系统地、持续性地学习、应用思维导图，能够帮助你迅速成为逻辑思维清晰的人——高效分析、解决问题，化繁为简，迅速抓住本质；表达时有理有据，条理清晰。

思维导图的发明者是英国人东尼·伯赞，伯赞也因此被誉为"世界大脑先生"。

现在，新加坡已将思维导图列入全国中小学教育体系；剑桥大学、牛津大学、哈佛大学、斯坦福大学等世界名校专聘思维导图发明人东尼·伯赞为客座教授，讲授思维导图的实际应用。

微软、IBM（国际商业机器公司）、甲骨文、迪士尼、通用汽车、强生、3M（明尼苏达矿务及制造业公司）、摩根大通、汇丰、高盛、伦敦警察厅等企业或组织正在使用东尼·伯赞的学习方法，并将思维导图纳入员工培训课程。

如今，几乎所有发达国家的大型组织、跨国集团、知名院校都在教授和使用思维导图，以这一工具来训练人们的思维方式，提升个人、组织，甚至整个社会的效率。

原来，职场人和学生的用法是不同的

你一定要知道的一个非常重要的信息是——尽管学校、职场都在使用思维导图，但对于学生和职场人士，思维导图的核心意义是不同的——学生更偏重于对信息的记忆，而职场人则更多用思维导图进行思考。

这也决定了职场人的思维导图课程必然与学生们的思维导图课大有不同。而现在市面上讲授思维导图的书籍对此往往没有明确的分类，导致很多人没有学到职场应用思维导图的精髓，这真是令人惋惜的一件事。

这是为职场人士定制的思维导图课

从成为一个企业培训师开始，我的授课对象就非常明确——职场人士。为此，我开发了《思维导图职场商务实战》系列课程，把思维导图应用在具体的职场实战场景中，让人们一学就会，并将之融入自己的实际工作，真正实现用思维导图提升逻辑思维的目的。

成为思维导图的专业讲师，不断地让更多的人学会使用它，是我现在当作使命在做的一项事业。因为，思维导图是我生命中的一把"黄金钥匙"。

在思维导图的帮助下，我在承担着母亲角色的情况下，一边工作，一边顺利完成了100期喜马拉雅FM《每天听本书》栏目的录制，并考取了四川大学工商管理硕士，成为国家注册咨询工程师、英国伯赞思维导图管理师、MBA高级面试讲师，还创建了自己的公司……

　　我能够清晰地感受到，随着对思维导图不断地深度学习和持续应用，自己的逻辑思维能力、表达能力、学习能力、执行能力……都在持续不断地进步着。

　　今天，我要把这把"黄金钥匙"送给你。

　　在书中，我们将从思维导图的智法、技法、用法三个角度，全面系统地讲解思维导图，让期待成长的你也可以迅速学以致用。

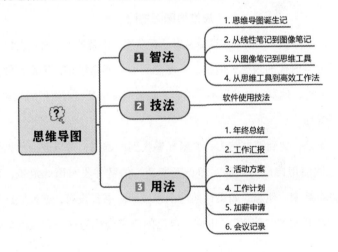

第一节　思维导图智法

― 思维导图诞生记 ―

思维导图从何而来？这要从发明者东尼·伯赞的大学时代说起。

大学时代的东尼·伯赞，一度感到课业非常繁重，笔记越做越多，同时，他发现自己记不住内容，经常遗漏信息，对课程的理解也不够透彻。

于是，他到图书馆去，希望能够找到一本书，可以教会他如何更好地使用自己的大脑，却一无所获。伯赞并没有因此沮丧，反而兴奋起来。他想，如果目前这个领域一本书都没有，就说明这是一片待开发的"蓝海"。也许，自己的研究会成为这一领域的奠基之作。

于是，东尼·伯赞开始了寻找解决方案的旅程。他翻阅了大量的大师笔记——达·芬奇、达尔文、爱因斯坦……

他发现，大师笔记最大的特点就是有各种图像、符号、连线，与我们从上到下书写文字的线性笔记形式很不相同。

与此同时，他学习了脑科学的相关知识，了解到大脑一些本能的特点，例如，大脑思考问题是发散性的，而不是线性的；大脑喜欢逻辑清晰的内容；大脑具备超强的联想能力，不需要冗余的信息，仅需要关键词就能够领会意思；大脑喜欢丰富的图形和鲜艳的颜色……

结合大师笔记和脑科学的相关理论，东尼·伯赞发明了思维导图这一思维工具——一种能够提升大脑思考和学习效率，培养逻辑思维的笔记法。

一从线性笔记到图像笔记一

为什么思维导图可以做到提升大脑思考和学习效率，培养逻辑思维呢？你可以先直观地感受一下——

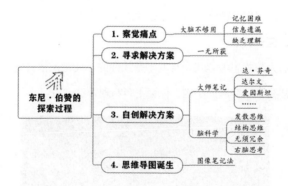

上面是一张典型的思维导图，东尼·伯赞把我之前花了400多字讲的故事用一张图清晰、明确地表现了出来，是不是非常清晰易懂呢？相比繁多的文字，它是不是更让你印象深刻呢？

观察一下，相较传统的线性笔记方法，思维导图笔记法有哪些特征呢？

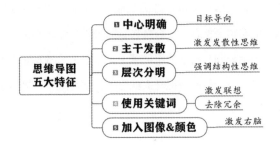

一、中心明确

我们的大脑非常擅长联想，如果没有一个明确的主题，很容易一味地"天马行空"，而思维导图的中心主题则以终为始，强调目标导向，始终提醒你要围绕主题进行思考。

二、主干发散

我们大脑的思考方式本身就不是线性的，而是发散性的。联想一下大脑神经元和突触的结构，你会更容易理解这一点。

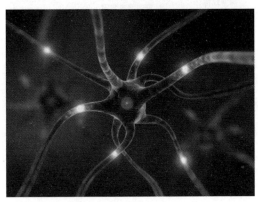

（图片来自网络）

越是复杂的问题，大脑处理的时候负担就越重，与主题相关的、新颖的想法总是不断地冒出来，而研究表明，大部分人的大脑"短时记忆"容量非常有限，每次最多只能思考四个方面。所以在思考问题的同时，把信息记下来，可能会考虑得更加全面。

但是，由于大脑思考并非线性，所以，如果以线性笔记记录，反而可能会限制大脑思考。

而思维导图式笔记以一个主题为中心，四散向外，这种网状的结构很好地契合了大脑的思维方式，使用思维导图辅助思考，能够大大减轻大脑负担，激发更有创意的思考。

三、层次分明

我们的大脑喜欢逻辑清晰的信息，并且在处理信息时本能地想将其组合为能够被认知的框架，以反映对事物的理解。

如果信息容易被组织为框架，那么大脑就容易理解并产生愉悦感；如果信息难以被组合为框架，那么大脑就会觉得这些信息晦涩难懂，并进而产生头疼、厌恶等感觉，有时甚至会直接"罢工"。

我们来看一下下页这两张图，明明里面的线条完全一样，但后者进行了结构化的排序，组成了我们可以认知的框架，马上就觉得容易记忆了。

使用线性笔记，对信息的结构性要求并不高，因为哪怕结构不清晰，逻辑混乱，也并不容易被识别。

但是，思维导图由于层次分明，所以很容易识别同一个层次的内容支架，并且当我们联想到新的信息后，可以将信息放入某一个框架

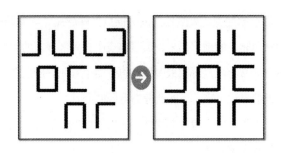

.之中，如果信息放置有误，也可以快速被发现。

所以，思维导图输出的内容往往逻辑清晰，也更容易被大脑记忆。

四、使用关键词

我们的大脑具备强大的联想能力，因此往往不需要过多的信息。

但线性笔记往往存在着大量的冗余信息，而思维导图却以关键词为主，从而减少了大量的冗余信息，无论是记录笔记，还是过后的复习反思，都节约了大量的时间。

五、加入图像和颜色

"一图胜千言"，比起抽象信息，我们的大脑更喜欢可视化信息。而且，人脑的左右脑分工不同，因此左脑也叫"逻辑脑"，负责语言、推理、逻辑、分析；右脑则叫"艺术脑"，喜欢图画、想象和创造。

我们平时使用的黑色调的线性笔记，几乎不会调用右脑功能，而思维导图充满色彩、线条、图像，则会刺激左右脑联动思考，自然更有利于大脑潜能的开发。

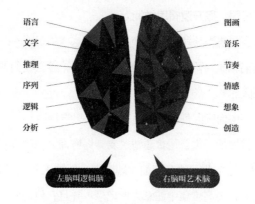

回顾一下思维导图图像笔记的五大特征：

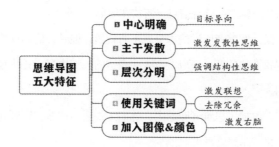

　　这些特征与大脑的本能思考习惯和喜好高度契合，难怪它可以大大提升大脑思考和学习的效率。

进阶一：从图像笔记到思维工具

　　值得注意的一点是——由于思维导图有着层次分明的特点，所以，对每一张导图内容之间的逻辑有着很高的要求。持续输出合格的思维导图，自然也就能够培养出清晰的逻辑思维能力。换言之，思维导图不仅是图像笔记，更是一种重要的思维工具。

用思维导图，提升逻辑思维能力

很多人在和咨询公司的顾问开会后都有这样的疑惑——往往会议一结束，他们就能够快速完成一份优质的报告，感觉他们整合信息的速度快得吓人。

事实上，咨询顾问们的秘诀之一，就是思维导图。

我线下授课的一家公司曾邀请过麦肯锡咨询公司的顾问为其做企业战略咨询。这个公司的高管们发现，麦肯锡的工作人员有个特点，就是会议期间，会高度集中注意力做记录。并且，他们使用了一种高效的工具，把甲方领导含义模糊的发言快速地、结构化地加以处理，并用清晰的逻辑重新整合信息，落实在笔记中。

有时候，发言者所讲的本身就不明就里，但是，他们依然可以边听边做逻辑性的整理，提取发言人要表达的关键内容，并将其整理得层次分明。

后来，参加了思维导图培训，他们才知道，这些咨询顾问们使用的工具原来就是思维导图。

从此，这家公司的员工也养成了用思维导图做会议记录的习惯。有一次，他们公司与某地方政府谈旅游项目开发合作，政府方领导由于时间紧迫，没有提前准备稿件，发言的逻辑有些混乱，但是指导的内容方向性和价值性非常高。于是，公司员工用思维导图对领导的发言做了翔实的记录，并将逻辑梳理得十分清晰。

会后，这份会议记录被第一时间发到工作群里，得到了政府方面的高度认可，认为该企业完全领会了政府的指导方向，并且高度认可公司人员的工作能力——这为他们最终赢得这一项目起到了至关重要的作用。

怎样通过思维导图来提升逻辑思维能力

如果希望通过思维导图的绘制提升逻辑思维能力，我们在绘制思维导图时就要遵循3个流程，遵守4个原则。

3个流程？4个原则？没错，如果你对自己没有这些要求，那么你的思维导图就是没有灵魂的，即使做再多的图，也无法帮助你提升逻辑思维能力。

接下来，我们会具体说明3个流程和4个原则分别是什么。

思维导图绘制的3个流程

第一步，在思考问题时，你最好能够有一个基础思考框架来引导思考，例如黄金圈框架——思考一件事的what（问题是什么），why（产生原因），how（解决方案），很多问题都可以使用黄金圈进行思考。

这些基础思考框架从哪里来呢？最有效的方式就是——积累。前人积累下来的经验，就是最好的基础思考框架。

例如，做企业战略分析时使用的SWOT（优势、劣势、机会、威胁）分析法，做宏观环境分析时使用的PEST（政治、经济、社会、技术）分析法等。

可以说，这就是我们读书学习的重要意义之一——不断积累自己的基础思考框架。

在第三节的用法里，我梳理了一些职场常用的基础思考框架，这样，我们的思考"武器库"中，就会有一些基础的积累。之后，你可以不断地累积这样的基础思考框架，这是思维能力得到提升的高效方式之一。

为什么年纪轻轻的麦肯锡顾问可以给众多的企业做咨询？就是因为他们掌握了众多的基础思考框架，在这些框架的基础上，再进行进一步的思考，就会让思考的脉络更清晰，内容更完备。

第二步是发散性思考，基于基础思考框架，结合实际情况和具体问题，进行发散性思考。这里也会用到创新思维，例如，利用"六顶思考帽"思维训练法来激发更多的新想法。

第三步是结构化梳理。基础思考框架只能够保证你的第一层级层次分明、条例清晰，而思维导图要求每一个层级都如此，所以，发散性思考后，一定要做结构化梳理。而做结构化梳理时就要遵循我们之后所说的4个原则。

值得注意的是，这三个步骤并非一定要按照一、二、三的顺序进行，有时，即使你无法在第一时间想到好的基础思考框架，也可以先进行发散性思考和结构化梳理，二者交替往复进行，也许在某个节点上，你就能够找到合适的思考框架。

在第二节思维导图技法的部分，我们会用具体的案例更详细、生动地解读这3个流程。

最后，输出的思维导图既要内容充实，也要逻辑清晰。

结构化梳理的4个原则

结论优先、以前启后、归类分组、逻辑排序，养成使用这4个原则对你制作出的思维导图进行检查的习惯，你就实现了思维导图进阶的第一步——从图像笔记到思维工具的转化。

在这四大原则中，结论优先和以前启后容易理解，你可能会有些困扰的是归类分组和逻辑排序。那就是——我应该根据什么来归类和排序呢?

在这里，我想介绍6种最基础、最常用的归类方式:

1.时间结构。

2.比较结构。

3.线性结构。

4.因果结构。

5.范畴结构。

6.评价结构。

在这6种归类方式中，时间结构、比较结构、线性结构和因果结构更加强调逻辑顺序；而范畴结构和评价结构的顺序则没有那么重要。

下面，我们用一张思维导图来展示不同结构恰当的顺序和示例：

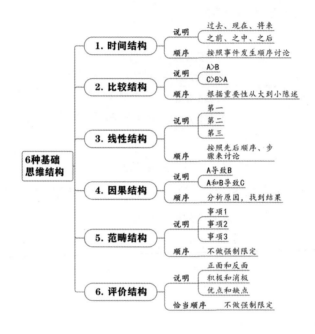

一旦掌握了这六种归纳方法，经过一定时间的训练后，你的逻辑思维能力一定会得到明显提升。

进阶二：从思维工具到高效工作法

当你真正开始应用思维导图，你会惊讶地发现，它又不仅仅是一款思维工具，更是一种高效工作法。

麦肯锡等大型咨询公司总是会呈现出非常精美的PPT，你可知道，其实大多数麦肯锡的咨询顾问是不会端坐在电脑前制作PPT的。

对于麦肯锡的顾问，他们的核心价值不是制作出精美的PPT，而是逻辑清晰地思考出问题的解决方案，并且有力地说服甲方。

一般，麦肯锡的顾问们会将逻辑清晰的笔记发给外包公司，第二天上班时，外包公司便会用邮件发来制作得漂漂亮亮的PPT文件。

没错，你会发现，思维导图可以用在职场的很多领域，它能极大地提升工作效率——头脑风暴、项目与流程管理、业务和战略规划、信息知识管理、会议规划与管理、演示创建等，不一而足。

当然，经过不断地探索，你会发现更多的惊喜。

而本书后面的章节，也会频繁使用思维导图，用思维导图提升表达力、用思维导图进行时间管理、用思维导图辅助高效学习、用思维导图打造个人战略，等等。

可以说，思维导图真是人人都需要的一门课！跟随本书的讲解，你一定会爱上思维导图。

现在，就让我们正式进入第二节——思维导图技法。只需要不到半个小时的时间，你就可以掌握思维导图的基础绘制方法！

第二节　思维导图技法

― 手绘PK软件 ―

东尼·伯赞最初发明思维导图时，用的是手绘的形式。使用彩笔，认真绘制框架结构，再画上美美的图像，这个过程本身就能够帮助大脑对所绘制的内容进行深度记忆。

所以，手绘最大的优点就是能够促进记忆，这也是为什么思维导图会风靡中小学生群体的原因。

但我们之前说过，对于职场人士，记忆并不是最重要的——如今手机在握，天下信息时刻能在线看到。所以，比起记忆信息，能够更好地思考信息，对信息进行梳理、整合、排序，这才是最重要的。

随着技术的发展，包括Mindmanager、Mindmaster、Xmind等一系列以思维导图理念为基础开发的软件应运而生。这些软件的功能大同小异，都能够很好地实现电子版思维导图的制作。

思维导图笔记法遇见思维导图软件，犹如瓦特遇见蒸汽机车。

而思维导图软件的开发，彻底点燃了人们——特别是职场人士应用思维导图的热情。因为思维导图最核心的功能之一本身就是对思路进行结构性的调整（对于职场人士尤其如此）。

而手绘思维导图最大的问题就是"修改困难"，如果你的思路发生了变化，就得重新绘制，这样反而降低了思考效率。而软件版思维导图工具的开发，则完美地解决了这一问题。

我之前学习时间管理，基本把我参加的线上线下课程的核心知识点、每一本时间管理领域的经典书籍都绘制成了一张张思维导图。但随着学习的时间越来越长，我发现，很多知识都是相通的。

于是，我将几十张导图"合并同类项"，相似的内容合并，不同的内容分类，创作了一张属于自己的导图——时间管理PDCA法则。

试想，如果之前的图都是手绘呢？且不说我自己有没有耐心画下几十张图，并把它们小心地保存好，单是想把它们整合起来，难度和时间都明显升了好几个层级。

而软件版导图则方便携带、易于修改。通常我整合几十张导图，也就用了一天的时间。这张图囊括了目前经典时间管理书籍的核心理念和行动指南，很多朋友看了都表示深受启发。

我在企业讲授的《时间管理PDCA法则》的理论雏形，也正源于这张导图。

如果你是一个致力于追求高效、卓越的职场人士，想要提高、充实自己，不妨从使用思维导图软件开始吧。毕竟，这类软件的使用非常简单。一般而言，要不了半个小时，就可以将所有的基础操作完全掌握了。

也许有人会问，既然思维导图软件的入门门槛这么低，为什么我们身边的大部分人都没有使用思维导图软件呢？

我的答案也许让人大跌眼镜，那就是——他们根本不知道有思维导图软件的存在。

正如我说过的，思维导图软件的操作非常简单，市面上的Mindmanager、Xmind、Imindmap等，其操作都是大同小异，掌握了其中的一个，就等于掌握了全部。

接下来，我将以Mindmanager为例，讲解思维导图软件最常用的功能。请随我一起，跨出成为"思维导图达人"的第一步吧!

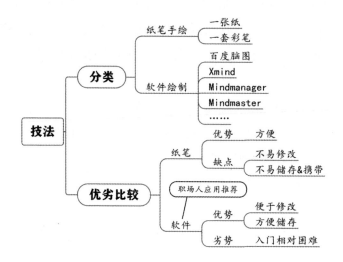

— 软件绘制技法 —

使用思维导图进行思考的第一步，是明确中心主题。

明确的中心主题就是我们思考的"指南针"。我们就以共同绘制一张自己的年度目标计划图为例。

中心主题就是——欣桐（你的名字）的年度目标规划。

【操作】中心主题左键单击，输入中心主题

让我们一起思考一下，这一年，你有哪些想要实现的目标？相信你的脑海中已经涌起无数个想法了。而以下两个简单操作，足以把你的念头通通"释放"出来！

【操作】使用快捷键"Ctrl+Enter（回车）"，插入第一级主题。"Ctrl+Enter"可以实现插入下一级的功能。

同时，这个功能也可以由"主页－新副标题"这个操作来实现；还可以使用主题上下左右的"+"来实现。

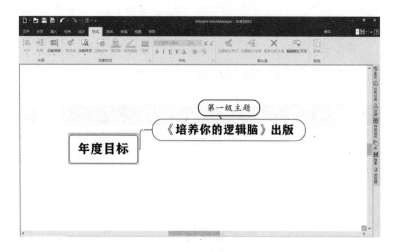

【操作】选中第一级主题，使用快捷键"Enter"，插入同级主题。插入同级出题也可以由"主页 – 新主题"这一操作来实现。

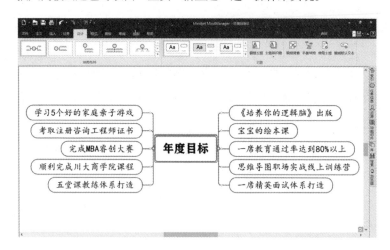

目前，我们处于"发散性思考"阶段，不用给大脑设限，并把你

真正想要实现的目标和计划不断地写下来。你会发现，随着不断使用回车键，大脑中的想法会越来越多。不要担心是否能够全部实现，先写下来。

这一功能也充分体现了思维导图对大脑发散性思维的激发作用。

同时，你会发现，如果只是在脑海中畅想，也许想到新的目标，旧的目标就被忘记了，但是有了思维导图，及时把思考到的内容记录下来，我们的大脑就可以完全沉浸在思考之中。

但值得注意的是，我们现在发散思考出的目标都是相对零散的，而从上一节我们了解到——我们的大脑喜欢逻辑清晰的信息。我还说过，使用思维导图会不断提升我们的结构性思维能力。那么，到底怎么做到呢？这里有两个方法：

第一，从内向外分类——从核心主题出发，使用基本思考框架。

第二，从外向内归纳——根据发散思考出的内容，进行合理的归纳。

我们先来说第一种：从内向外分类——从核心主题出发，使用基本思考框架。

什么是基本思考框架？

基本思考框架就像是思考的章节标题，代表最简单、最明显的各类信息的词语，诱导大脑最大数量的联想。它会让我们的思考有方向，却不限制想象。

所以，基本思考框架的设定是非常重要的一环。

思考一下，对于个人的年度目标，应该从哪些角度思考呢？

我们可以借鉴加拿大教练提供的"生命平衡轮分类法"，将思考方向定为事业、家庭、健康、自我实现等基本分类概念。

【操作】使用拖动功能（鼠标选中主题，移动鼠标），调整分类。

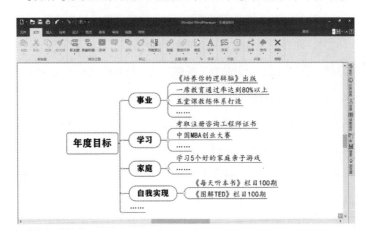

通过这样的分类梳理，我们往往会发现，之前的思考可能会有一定的"疏漏"。例如，在我最初的思考里，家庭的部分着力不多，但它却是非常重要的板块。

诸如此类的基本分类概念，会让我们的思考更加全面。

接下来，让我们一起为导图填充内容吧！

还可以应用第二种方法：从外向内归纳——根据发散思考的内容，进行合理的归纳。

举例来说，在这张导图中，虽然都是事业层面，但是可以分为三类：培训师、一席教育、五堂课。可以再次使用"拖动"功能，使分类更加明确。

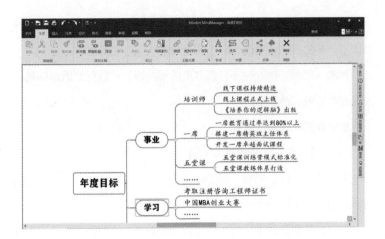

根据发散思考出的不同目标，我们依然能够找到事业、健康等基本的分类概念。但是使用这种方法进行分类归纳，一定要注意，尽可能做到不重复、不遗漏。

以上，我们就完成了"中心主题、第一级、第二级"的思考，中心主题明确清晰；第一级主题属于抽象分类，尽可能不重复、不疏漏；第二级主题归类分组，保证同一个逻辑分支属于同一类主题。

接下来，我们要继续进行深度思考，综合应用从内向外分类、从外向内归纳两种方式，交替应用发散性思维和收敛性思维，完成一张结构清晰、内容充实的导图。

随着思考的逐步完善，我们拥有了一张基础版的思维导图，整个过程操作非常便捷。

这张图可以指引我们把更多的时间放在更重要的目标上，并且能够帮助我们很好地平衡工作、家庭、学习与健康。

读到这里，你已经可以养成经常应用思维导图软件来辅助思考的习惯了。是的，你会发现，自己的逻辑思维能力变得越来越强了。

其实，思维导图软件还有很多进阶的功能，可以更好地帮助我们实现清晰思考、精彩输出。

思维导图软件实操进阶

（一）插入栏，让导图更加丰满

通过插入标注、图标、标记、便笺、编号、图像等，可以让导图对信息的表现更加清晰、丰满。

现在，我们分别来了解一下比较常用的插入项的使用场景。为了表示得更加清晰，这次我们把目光聚焦于年度规划的事业板块。

1. 标注

如果想对某些重要信息进行说明，可以使用【标注】。

【操作】插入－标注－输入内容。

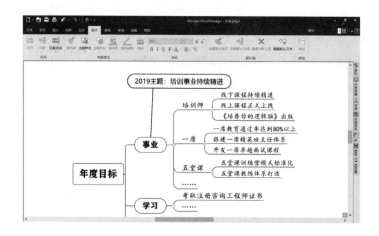

2. 图标

使用图标，可以对任务进行"优先级排序""完成度跟踪""现状警示"等。我们可以根据任务的具体情况，插入相应的图标。

对图标的充分利用，可以快速提升导图的信息量。

举个例子，我在听课时有使用导图做课堂笔记的习惯，遇到精彩的地方，会插入"竖大拇指"图标；遇到不懂的地方，马上插入"问号"图标；遇到需要引起警示的内容，会插入"红色信号灯"图标……一个个图标都代表着与所听内容的互动和思考。

课程结束后，重新看一遍导图，可以对不会的内容进行深入思考，将精彩的地方再次重温——小图标蕴含着大力量。

【操作】插入-图标，根据情况选择具体图标。

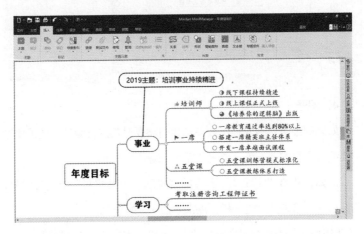

3. 便笺

很多人喜欢使用思维导图制作读书笔记或者记录会议内容。你可能会发现，简单的思维导图框架很难囊括具体信息。例如，书籍的精彩段落、会议的具体要求，等等。

这时，我们就会用到【便笺】功能。便笺相当于一个Word文档，你可以输入大量的内容。

【操作】选中要插入具体内容的主题，插入－便笺。

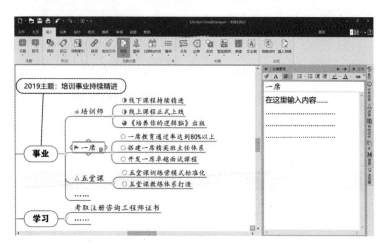

4．编号

如果列出条目的内容比较多，我们需要对其进行编号，只需要选中要编号内容的上一级，点击"插入－编号"即可。

例如，要给"完成《培养你的逻辑脑》一书撰写"等内容编号，鼠标放在"培训师"这一栏，点击"插入－编号"。

【操作】选中要编号主题的"上一级"，点击"插入－编号"。

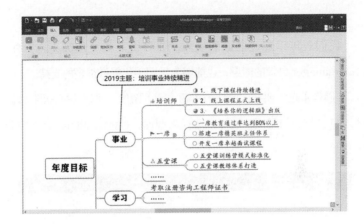

5. 关系

有一些项目彼此是相辅相成的关系，我们也可以通过在导图中
"插入－关系"来呈现。

【操作】按住Ctrl键不动，鼠标选出需要建立关系的项目，点击
"插入－关系"。

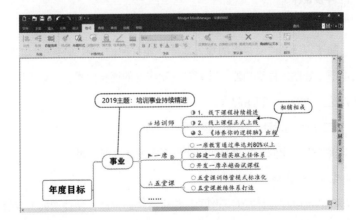

6. 图像

我们还可以通过图像的插入，让导图显得更加漂亮。另外，Mindmanager 自带的图像，也能够为导图美化提供很多的支持。

【操作】选中要插入图像的主题，插入图像。可以选择来源文件，插入自己准备的配图；也可以选择来源库，插入 Mindmanager 配套的图像。

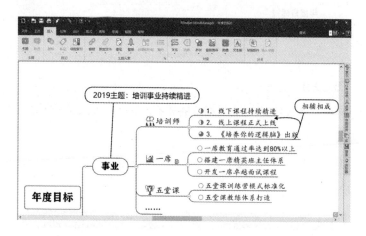

除了以上 6 种最常用的插入项外，还有标记、附加文件、边界、文本框、导图组件等功能。随着对导图应用的逐步熟悉，大家可以尝试将这些功能一一利用起来。

（二）优化设计，快速美颜

接下来，我们一起学习如何让导图的设计快速升级。

1. 结构调整

我们可以在设计栏对导图的结构进行快速调整，便捷切换为辐射导图、右侧导图、金字塔图等结构。

例如，一些书籍的读书笔记导图，它们的主题之间会有一定的逻辑顺序，并不像个人规划图这样主题都是并列的。此时，选用右侧导图就更加合适；而分析数据时，金字塔图则会呈现得更加清晰。

【操作】鼠标选中核心主题－设计－选择合适结构。

2. 主题选择

Mindmanager 配套了大量已经设计好的专业主题供选择，让用户无须花费太多的时间即可快速提升导图的"颜值"。

3. 编辑背景

使用"编辑背景"功能对导图的背景进行美化。可以选择自己喜欢的颜色或者图像。Mindmanager 也提供了不同风格的背景供用户选择。

如果还希望得到更多的定制化设计效果，可以使用"格式"栏，对主题颜色、字体、线条颜色等进行调整。

不过，对于我们平时更多在职场中使用的背景，让思维导图辅助思考才是核心功能；只有在某些非常重要的呈现场合，我们才需要研究如何让导图更美观。

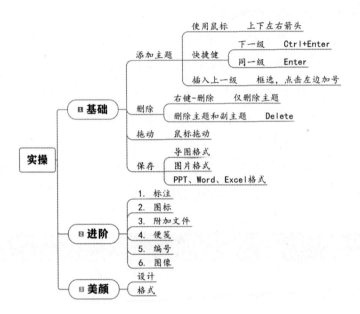

第三节　思维导图用法

在第二节，我们已经感受了思维导图作为一款辅助思考工具的强大作用——它解放了我们的大脑，让我们的思考既有深度，又有广度，并能不断提升大脑的思考和学习效率，培养我们清晰的逻辑思维能力。

有句话我深以为然：人类最引以为傲的能力不是强健的体魄、飞快的腿脚，也不是惊人的记忆力，因为这些都可以被汽车、电脑等工具所替代，人类最重要的能力是大脑的思考能力。

在职场中，利用思维导图不断提升思考力，显然是我们实现职场进阶的重要手段。

最初，思维导图是一种图形笔记法。但由于它与大脑思考方式的契合，最终成为一种帮助大脑全方位、多角度思考的可视化思维工具。所以，现在的它，已经是职场人士不可或缺的高效工作法了。

为了让你的工作更加高效，在用法部分，我还整理了一些常见的职场基础思维框架——部分框架源于知名培训师及作家戴愫老师。

年终总结

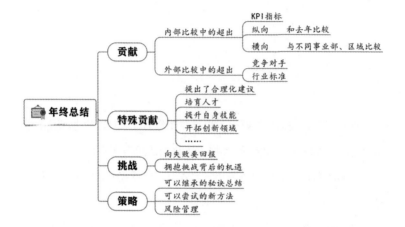

工作汇报

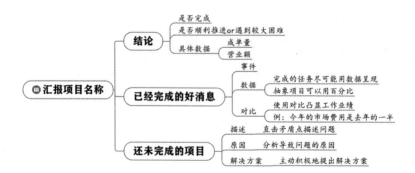

活动方案

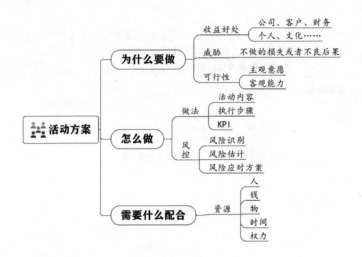

工作计划

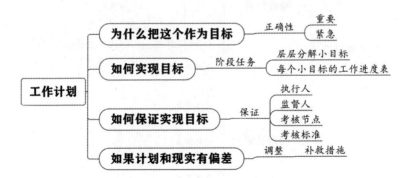

加薪申请

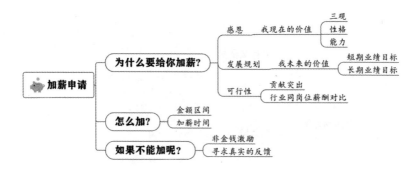

会议记录

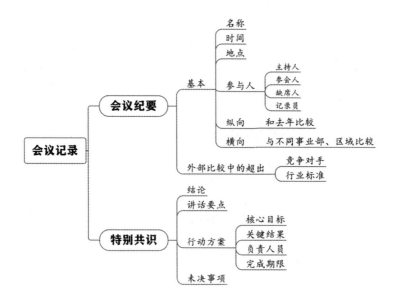

向人请教

其实你会发现，有了思维导图这个工具，你可以极其方便快捷地积累这些思维框架，无论是公司前辈的经验、书中学到的方法，还是培训老师讲解的课程，你都可以梳理成一个个简洁有效的思维框架。遇到相关的场景时可以快速地调用。

这样，别人的思考，是在回答整个的问题；而你的思考，却是在完成填空题——你怎么会不高效呢？

本章工具 & 实战

在畅销书《思维力》中有这样一段话："未来一切可被编程化的脑力工作——会计、BI分析师、英语培训教师、围棋教练，一定会被机器人取代，而且机器肯定做得比人类更好。随着AI（人工智能）的逼近，人类相较机器的剩余优势已不多，而独立思考、自主创新、解决复杂问题所需的思维力则是其中之一。假若最后人类真的被机器完全取代，那么具备优秀思考能力，能够独立思考、自主创新、解决复杂问题的人将是最后一批被取代者。"

我从事思维导图培训的过程中，发现随着思维导图普及率越来越高，身边绝大多数人已经知道了思维导图的概念。但是，真正将其应用在实际工作和生活中，进而大大提升工作效率，提升逻辑能力、表达能力、学习能力的人却寥寥无几。

究其原因，还是在于大家并没有使用正确的方法不断地应用思维导图。

有的人对思维导图期望过高，学习后觉得不过如此，因此并未从真实的应用中体验到它的奇妙之处；也有人很努力地学习，却因为用错了方法，始终不得要领。

关于思维导图，只要认同以下两个要点，那么这本书的价值，就已经被你百倍地赚回了：

第一，思维导图是一个在应用过程中能够提升思考力、表达力、学习力、执行力的绝佳工具，一定要不断地应用；

第二，对职场人来说，最好的应用方式就是熟练应用"软件版"，Mindmanager、Xmind、Imindmap、Mindmaster、百度脑图都可以。任何一种工具的操作其实都非常简单，选择其中一种不断实践，你的工作效率一定会大幅提高。

所以，你还等什么？

第一堂课的思维导图实战作业：使用软件版思维导图，制作自己的2020年度规划。属于你的思维导图之旅，就从现在开始！

一 工具 一

1. 用思维导图绘制3个流程、4个原则

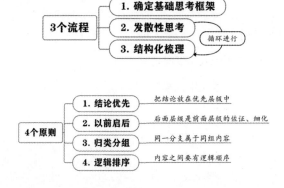

2. 思维导图软件绘制技法

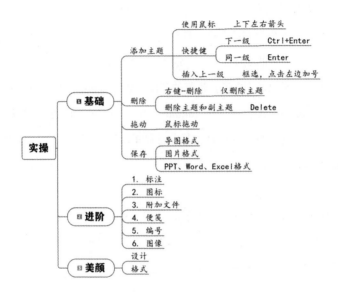

3. 职场思维导图应用模板

年终总结、工作汇报、活动方案、工作计划、加薪申请、会议记录……

【实战作业】

1. 思维导图版个人年度规划。

2. 职业实战场景应用1例。

公众表达

公众表达——让你的个人价值快速提升 50%

有人曾问"股神"巴菲特："针对刚走出校门的二十出头的年轻人，您有什么好的建议吗？特别是有什么方法能够让他们的自身价值快速提升50%呢？"

巴菲特说："让你的自身价值比现在提升50%的一个简单方法是——提高你的沟通技能，其中既包括书面沟通技能，也包括口头沟通技能。如果你不具备有效沟通的能力，就像是在黑暗中朝一位姑娘使眼色一样，什么事情都不会发生。你可能有一肚子的墨水，但是却倒不出来，没办法让别人知道你在想什么。把心中所想表达出来，就是沟通。"

由此，我们可以看出，出色的沟通能力可以让你的个人价值快速提升。但是，沟通是个很大的命题，可以细分为公众表达、一对一沟通、谈判等，别说一个章节，就是一本书也说不完。所以，本堂课我们选择了沟通中最常用也最容易快速提升的部分——公众表达。

什么是公众表达？

公：公开场合。

众：2名及以上听众。

表达：通过你的话语，让人知晓，使人信赖，促人行动。

一次完美的招商，一次精彩的项目推荐，一次成功的竞聘……都需要出众的公众表达能力。也许你会觉得公众表达好像是管理层和成功人士的专利，其实不然。开会的时候，我们要对议题阐述自己的意见；完成领导交办的项目提案时，要向领导或者甲方解释我们的思路；工作出现特殊情况时，要与相关人士沟通应对方法等。

其实，这都属于公众表达的范畴。

而练就出众的公众表达能力，将会带给你极其丰厚的回报。它会使你拥有优于常人的逻辑思维能力，让你的工作更加顺利，还会帮助你建立个人品牌——因为公众表达的本质就是不断输出你的价值观。这是职场精英的必备技能，也是领导力的核心体现之一。

Charlie是我的学员之一，也是我的好友。他是成都本土一位互联网连续创业者、投资人，也一直是公益活动的践行者，同时还是某独立音乐厂牌的联合创始人。

这么多标签贴在他身上，你一定会觉得，他是一位善于沟通并在公众表达方面异常出众的阳光男孩吧？

事实上，我们刚认识的时候，Charlie完全无法在公众场合做一次完整的表达。他告诉我，由于计算机科班出身的背景，公司属性和产品属性都是技术型导向，所以他很少有机会去思考和学习如何进行公众表达。

有一次，我们组织了一个线下培训会。在面对20多个人进行公开发言时，Charlie竟异常紧张，完全无法清晰地表达自己。

后来，他主动找我沟通了关于公众表达力的提升方法，成功突破了心理障碍，掌握了公众表达的一套方法论。现在，线下活动的演讲对他来说已经是信手拈来，他甚至还打磨了一套"人际交互理论与实践"课程，在大讲堂给近百人上课。

他说，这是曾经的他完全无法想象的。

因为靠科学的方法提升了公众表达能力，Charlie打破了他的"舒适区"。同时，他在医疗、教育、金融科技及科技文创的投资布局也迅速吸引了更多投资人、合伙人加入，事业也上了一个新的台阶。

你想和Charlie一样，通过表达能力的提升，实现自己的职场进阶吗？欢迎来到培养你的逻辑脑的第二课——公众表达。值得高兴的是，第一课的思维导图部分已经为我们打下了坚实的基础，比起没有掌握思维导图工具的人，你进步的速度一定会快得多。

本堂课综合了《金字塔原理》《感召力》《故事思维》《千面英雄》《跟谁行销都成交》等一系列经典书籍，以及线下实战培训的落地经验，从三个角度——精准备、炼内容、星呈现，提供实用具体的方法论和具体思维工具，助你提升公众表达能力。

精准备：明确表达目标，制作听众画像——一开始就抓住听众的心。

炼内容：根据场景匹配结构，提升表达的质感与温度——让你的内容逻辑清晰、表达有力。

星呈现：强有力的身体语言，精彩的幻灯片——让你的公众表达如明星一般呈现。

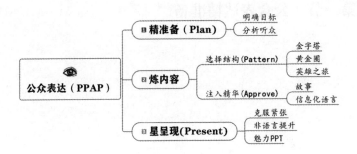

第一节　公众表达精准备

一 明确目标 一

一次公众表达成功的标准是什么呢？就是你是否通过这次表达，达到了你想要的效果——这是唯一的标准。所以，你一定要想清楚，你这次表达的目的到底是什么。

举几个职场常见的表达场景，我们看看在这些场景中表达的目的分别是什么。

第一，总结。总结的目的是让听众看到你的能力和潜力；

第二，建议或申请。呈现你主动积极的工作态度，目的是建议被采纳；

第三，计划汇报类。呈现你的责任感，目的是得到领导对你工作的认可和支持；

第四，项目路演。呈现的是项目的核心竞争力，目的是得到投资人的青睐。

每次公众表达都应该有明确的目的。在表达内容设计前，一定要想清楚，你希望通过这次表达，实现什么目标。

― 分析听众 ―

职场表达最大的特点，就是你的听众大部分都是"甲方"，他们并非一定要认真听你说话。就算他们是你的领导、客户、合作伙伴，如果你的内容不能吸引他们，他们也可以随时停止聆听。

所以，你所讲内容的每个部分都要尽可能地做到对听众有价值，并且吸引他们的注意力——听完第一句，想听第二句；听完第二句，期待你说第三句。只有这样，你的表达才是有效的。

怎样才能让听众关注你的表达呢？最重要的就是——听众分析。

对听众的了解，决定了你的表达是否可以达到预期目的。因为只有对你的听众有所了解，你才知道他关心什么、想听什么，你说的话他才会听。

分析听众时，你可以从以下三个角度进行思考：

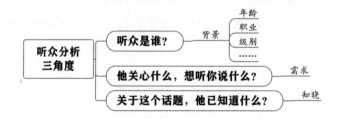

根据听众的具体需求，结合你要达到的目标，以终为始地设计你的内容。

举例来说，我的一位学员 Mary，她的工作职责是产品培训。她会到各个城市帮助当地推广产品。同时，她也需要给部门新人讲解产品。每一次讲课前，她都会花大量的时间来修改PPT。

因为虽然都是讲解产品，但是对客户和公司新人，重点是不一样的。

对客户的产品宣讲，重点是如何推广和营销产品，所以产品使用案例一定是重中之重，她还会结合不同地区、不同的数据来做更加落地的分析；而给部门新人讲产品时，重点在产品理念，所以讲解的重点在于为什么会有这个产品，这个产品给市场带来了什么好处，让员工对产品产生信任和情感依赖，之后才会更愿意为了把产品做得更好而付出努力。

每次的讲师评估，她都能获得极高的评价。有人问她有何秘诀，她说——道理很简单，不是讲自己最想讲的，而是先想想你讲的目的到底是什么，听众到底想要听什么。

面对不同的目标、不同的听众，即使主题相似，他们想要的内容可能差别巨大。所以，明确目标，分析听众，一定是我们在做公开表达前要用心思考的内容。

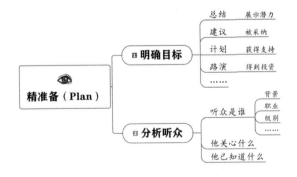

第二节　公众表达炼内容

― 选择结构 ―

好的公众表达一定有着清晰的逻辑结构。为此，我准备了三个非常实用的结构——金字塔结构、黄金圈结构、英雄之旅结构——根据不同的场景可以灵活取用，让你随时做到逻辑清晰、表达有力。

― 金字塔结构 ―

在职场表达中，项目提案、工作建议会占非常大的比重。这时，你可以选用金字塔结构。

金字塔结构源于著名的企业咨询公司——麦肯锡。使用金字塔结构梳理表达逻辑，会让你要表达的内容清晰而有效。

以下是用思维导图展现金字塔结构的核心要点：

用好金字塔结构，要遵循4大原则：

1. 故事性序言：制造听众的渴望。

2. 结论优先：先说结果，再解释理由。

3. 分组归纳：归纳出3~5个理由。

4. 向外挖掘：给出有力的佐证。

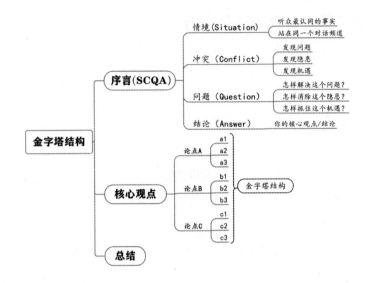

接下来，我们分别说明4大原则的具体做法：

一、故事性序言：制造听众的渴望

公众表达的第一步是什么？不是马上表达你的观点，而是引起听众的注意力。如果听众的注意力不在你身上，那么无论你的观点多么精彩都毫无意义。那么，如何吸引听众的注意力呢？

麦肯锡咨询顾问芭芭拉·明托在《金字塔原理》中给了我们吸引听众注意力的具体方法——写序言。并且给出了非常具有操作性的序言写作法——SCQA法。

用好SCQA法，你的开头就会像一个精彩的故事一样，快速抓住听众。

SCQA法具体指的是什么呢？请看下面这张思维导图：

第一步，情境。情境指的是不具争议的，听众最认同的事实。从听众熟悉的内容讲起，可以让他和你快速步入同一个"对话频道"。

比如，你的主题是要为企业引入领导力课程，那么你的情境就是：对于一个企业来说，中层管理者的领导力对组织的整体绩效有着极大的影响。

第二步，冲突。这里写你发现了一个问题或者隐患（发现机遇也是可以的）。

延续上面的主题，你指出冲突时：经过年终考评以及专业的管理者能力测试，发现公司目前的中层管理者在领导力的一些具体模块上有缺失。

第三步，问题。

那听众自然就会问了，怎样解决这个问题呢?

第四步，回答。

就是你本次表达的核心结论：

建议公司引入领导力课程，提升管理层领导力。

有了这样的序言，听众就会对你之后的具体阐释产生兴趣：你计划怎样引入课程，引入什么样的课程等。

当然，并不是所有情境都适合SCQA法则，如果你的听众是你的上级，他对主题的具体情况比较了解且比较繁忙，你可以采用ASC方法：结论、情境、冲突。

比如，你可以这样说：建议公司引入领导力课程（结论）。因为对企业来说，中层管理者的领导力对整个企业的执行力有着极大的影响（情境），而通过考评，目前公司中层的领导力在一些具体模块上还有待提升（冲突）。

好的，现在你成功地引起了听众的注意力，接下来，你可以进行观点的具体阐述了。

二、结论优先：先说结果，再解释理由

记住，你表达的内容必须有明确的观点或结论。每次表达都要有非常明确的观点和结论。通过序言部分简短的铺垫后，第一时间明确自己的结论。

有一个很好的方法可以找到结论——不断地向自己提问。

提什么问题呢？很简单，就是问自己：所以呢？

举个例子：

你受委托完成一个市场调研项目，为公司是否要投产某产品做可行性分析。当你想要向领导讲述"通过市场调研，该产品目前的市场增长率并不快"这一问题时，你要问自己——所以呢？

你想到，"可能是由于该产品已经处于成熟期"，结果你进一步调研了该产品目前的行业形势，发现正如你所料。

于是，你再问自己——所以呢?

你想到，"从市场调研结果显示该产品已处于成熟期，不是进入的最佳时期，建议谨慎考虑是否引入该产品线"。

所以，产品市场增长率快不是你的结论，你建议谨慎引入产品生产线，才是你的结论。

什么样的结论是好结论呢?

好结论是结果，是全局，是具体的建议或者措施。在表达的时候，先说结论，再解释理由，是第二个重要原则。

三、分组归纳：归纳出3~5个理由

一个有说服力的公众表达，不仅有着清晰的观点和结论，还会有充分的理由对结论予以支持。

用思维导图表示如下:

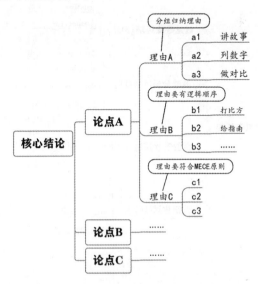

理由的数量最好是3个，尽量不要超过5个。这样有助于听众理解，也有助于记忆。每个论点要言之有物，呈现出清晰明确的思想。

同时，芭芭拉·明托指出，你的理由还要符合MECE原则。这四个字母MECE，即Mutually（相互性）、Exclusive（独家性）、Collectively（全面性）、Exhausive（详细性）四个单词的首字母。

对此，更好理解的表述方式就是：不重复、不遗漏。

怎样才能做到不重复、不遗漏呢？最高效的方式就是参考前人的MECE。例如，我在第一章逻辑思维中给出的思考框架，其实就是根据前人智慧总结出的MECE法。

在这里，我们再分享几个MECE的方法：

二分法：内因外因、主观客观、优势劣势

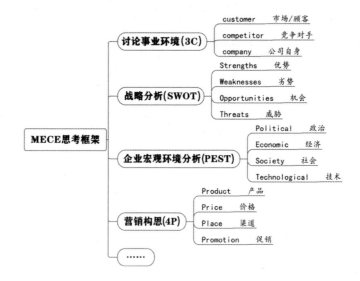

过程法：时间维度、任务完成过程、实物发展顺序

要素法：高效能人士的七个习惯

矩阵法：时间管理根据重要紧急的程度分为了四象限

公式法：天才=99%的努力+1%的灵感

你可以在工作和学习的过程中不断积累思考的MECE方法。你会发现，自己思考问题越来越全面。我也在这里列出一些具体的MECE分析法，供大家参考。

四、向外挖掘：给出有力的佐证

好的表达与差的表达，除了是否具备清晰的逻辑结构，另一个巨大的区别在于，内容是"假、大、空"，还是有实质性的见解？

所以，金字塔结构的第三层，便是有力的佐证，即强有力的实质化信息。

什么样的表达是强有力的呢？你可以讲故事、列数字、做对比、打比方……

在本章第二节的注入精华部分，我会详细介绍每个部分应该如何应用。这些部分会构成"理由的理由"——让你的理由更加具有可信度，由此增强你的说服力。

小结

我们用思维导图总结金字塔结构的4大要点，以后遇到工作汇报、项目提案等场景时，便可以直接按照这个思维框架梳理自己的想法。在具体汇报的时候，可以按照序言—结论—理由—佐证的顺序一一进行阐释。

我们还可以根据时间调整表达内容：如果只有1分钟，就直说序言和结论；如果有5分钟，就说序言、结论和理由；如果有10分钟，就把具体的佐证说清楚。这样，无论对方给你多长时间，你都能够逻辑清晰地表达出最重要的信息。

不过，要强调的一点是，金字塔结构并不是万能的，遇到要告知别人坏消息时，结论优先的法则就不适用了。所以我们还是要根据不同的场景灵活运用。

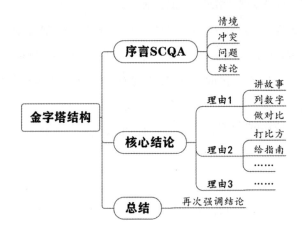

【实战作业】

下一次做工作汇报时，请试着用金字塔结构来梳理你的表达。

— 黄金圈结构 —

说完适合工作汇报的金字塔结构，我们来讲解黄金圈结构，它适用于介绍自己从事的事业或者自己公司的产品。

黄金圈结构最早由TED的一位演讲者西蒙斯·涅克提出。他认为，做项目或产品介绍的时候，要遵循Why—How—What的顺序去表达你的动机、方法、具体内容。

黄金圈结构的原则深深镌刻在人类行为的进化过程中。看一看人类大脑的沟回，你就会发现，从外到内，黄金圈的三个层次是与大脑的三个皮层精确对应的。

通过完美的、契合大脑的需要，黄金圈结构表达法能够最大程度地激发听众的热情。

用思维导图展现黄金圈结构的核心要点即：

对于人类大脑最外部的新皮层，我们也称其为"逻辑脑"，它需要清晰的逻辑、数据的佐证；中间的两层叫作边缘系统，这个区域负责的是我们的情感，我们称其为"情感脑"，它需要真诚的情感；而最内层，我们称其为"本能脑"，它需要的是安全感。

研究表明，本能脑的力量是逻辑脑的8万倍，而情感脑的运行速度是逻辑脑的20倍。

所以，最有力量的表达方式，应该是先让本能脑感受到安全，然后让情感脑觉得被打动，最后用清晰的逻辑和数据为逻辑脑提供佐证素材——这与黄金圈结构提供的表达顺序出奇地一致。

接下来，我们具体说一下黄金圈结构的具体内容。

— Why——你为什么要做这件事 —

黄金圈结构中非常重要的一点就是——一定要从"为什么"开始。"为什么"你要做这件事情？这个理由会为你带来信任感，它一定是真诚的、发自内心的。

如果你去问最优秀的销售人员，怎样才能做好销售？他们总是会告诉你，如果你真心诚意地相信你销售的产品，就会容易得多。相不相信自己的产品，跟做销售有什么关系？答案很简单，当销售员真心相信自己所卖的东西时，他们说出的话就是真诚的，而真诚会带来信任，信任则带来忠诚。

依靠价格、服务、质量或性能确实可以做销售。但是使用价格战、促销、同侪压力、恐惧心理等做法，效果只能是短期的。

只有清晰的"为什么"，也就是你发自内心做这件事的理由，才能够支持你长久地把这件事情做好，并且影响到其他人。

所以，在介绍你的事业、项目、产品的具体功能前，先讲一讲Why——你为什么要做这件事？

— How——方法和路径 —

How——"怎么做"要清晰而具体。

我们常说，交流是要赢得别人的心灵和思想。为人讲解为什么，帮助我们赢得对方的心；而想要对方采取行动，我们还需要赢得其思想。

方法路径要具体而翔实，数据、对比、举例等方法又将派上用场。具体内容我将在后面的章节一一细述。

— What——项目会带来的结果 —

在What环节，要说清楚项目会带来什么样的结果。

我有个学员，她在酒店行业工作了8年。那是业内最高端的酒店之一，她在8年时间里快速地升为高级经理。

虽然做的是销售，但她的客户都非常喜欢她。和她交流后，我发现，她在与客户的交流中会自然而然地应用黄金圈结构——她不会先说自己所在的酒店有多好，而是每次都会先聊一聊自己为何从事酒店行业，并且一干就是8年。

我们一起听听她的"黄金圈故事"——

为什么要从事酒店管理这个行业呢？那还得从我大四的时候说起。那时，我在美国奥兰多迪士尼最奢华的一家动物园主题酒店实习，有一天下午，一对夫妇带着他们5岁的儿子来办理入住。但是，他们订的房间还没有打扫好，需要等一个小时。

在与他们沟通时，我得知，他们攒了整整三年的钱才足够支付这次梦幻般的迪士尼之旅，而他们之所以选择入住两天昂贵的主题酒店，也是为了庆祝儿子马特的5岁生日，因为马特非常喜欢动物。

我非常想要帮他们做些什么，所以我鼓起勇气去找经理，向他讲了这家人的故事，并说我想为他们做些什么。当班经理非常支持我的想法，立刻调出了一间高等级的草原景观房让我给他们免费升级。他对我说：你亲自送他们去房间吧，这样你就可以和他们一起分享看到美景时的好心情了！

我带着他们一家三口去了房间，当他们打开房门，看到广阔的草原景观时，顿时激动得尖叫起来，彼此拥抱亲吻，而我在一旁与他们一起分享着这种雀跃。

最惊喜的是，小男孩马特突然走到我身边，略带羞涩地看着我说：I hope I could marry a beautiful Chinese wife in the future just like you.（我希望我以后可以娶一个像你这么漂亮的中国太太。）我当时被逗得哈哈大笑。但从那以后，我意识到——我做的工作是可以给别人带来幸福体验的。

我不是在销售房间，而是在销售美妙的体验。这一点，正是我现在工作的酒店的核心价值观：We don't sell room, we sell moment. 即我们不是销售房间，我们销售的是千金一刻。

公司授权我们去做让客人觉得惊喜的事情。在例会上，大家互相分享做了什么事情让客人有更好的感受。我爱极了我的工作，那种给客人带来美妙体验的感觉让我对工作充满了热情，我的微信昵称叫"订房订会的小仙女"，所以，如果你也想在入住的同时体验美好的moment（时刻），随时找我哦。

在整个故事中，"为什么"占据了3/4，而"怎么做"和"做什么"只占据了1/4。

但是，她的"为什么"如此真诚，也为她带来了一大批忠实的客户。

【实战作业】

你为什么从事你现在的工作？运用黄金圈结构，为别人分享一下吧！

― 英雄之旅结构 ―

英雄之旅结构特别适合用来做产品推荐。应用它可以给你的产品设计一个特别好的"销售故事"。

为什么是故事呢？因为我们每个人都喜欢好故事，脑神经学家指出，人有超过30%的时间是沉浸在幻想中或者陶醉在脑海里的故事中的。想想看，好的电影往往长达三个小时，却依然能够让观众聚精会神；而有些销售才刚刚开始介绍产品，顾客就已经走神了。

所以，将你要传达的信息巧妙地穿插在故事里，才会让顾客进入故事的世界，你要传达的内容也会不知不觉地进入顾客的大脑。

英雄之旅结构的来源：如果对很多知名电影进行故事情节的拆解，我们会发现一个惊人的现象——这些好故事居然脱胎于几乎相同的故事模型——这个模型就叫英雄之旅。当然，这也是世界上所有故事创作者长期积累的经验成果。

故事情节是这样的：故事主角心里抱着一个目标，但是她或他遇到了问题，在几乎要放弃的时候，遇到了一个引导者。引导者为了帮助主角冲破难关，为主角制订计划，并且唤起主角采取行动，帮助主角避免失败。最后，引导者帮助主角达成目标，获得成功。

把你的产品融入这样的故事里，你会发现，你的销售故事也可以如此精彩。

这个方法脱胎于日本畅销书《跟谁行销都成交》。在这本书中，作者提出了7步构建销售故事的模型。从更容易操作和记忆的角度，我对其重新进行了整合梳理，完成了"英雄之旅三步法"的结构构建。

英雄之旅三步法结构能够帮助我们"简化信息，清晰思路，轻松行销，消除混乱，吓阻竞争对手，再创事业高峰"。

曾经有学员跟我说："真的有这么神奇吗？这个办法听起来似乎有点不靠谱啊。"

别担心，这套方法已经在日本的几千家企业中得以施行，还取得了极好的效果。现在，就让我们一起用思维导图来看看英雄之旅结构的核心要点吧——

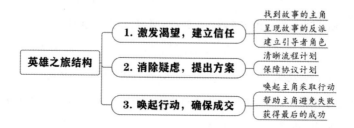

在线下的课程培训中讲解英雄之旅结构时，我常常会结合一个真实的案例来讲，就是我自己创立的研究生考前培训机构——一席教育。我一直都有些奇怪，虽然我们确实做得很用心，但每次线下分享会高达80%的成交率实在比同行数据高出太多。

结合英雄之旅结构的梳理，我发现，我们无意识介绍产品的方法，竟然和它的建议出奇地一致。

第一步：激发渴望，建立信任

第一步有三个小任务：

1.【让顾客成为主角】明确定义顾客的需求。

2.【找到故事中的反派】找出顾客的核心问题。

3.【化身引导者】把自己化身为引导者，赢得顾客信任。

1.【主角】明确定义顾客的需求

找到每种产品清晰的定位，明确它到底解决的是顾客什么样的需求，并且帮助客户不断深化其"需求"。这种需求越强烈，越是"刚需"，产品被购买的可能性就越高。

顾客最关注的需求往往是：节省金钱、节省时间、建立社交网络、获得身份地位、积累资源、追求意义……

所以，你必须明确定义你的客户以及对方的核心需求。顾客所关心的，正是你的产品所能解决的问题，这才是他们要实现的目标。

记住，要让顾客变成你故事中的主角。

每次线下分享会，我们的第一个步骤都是让大家回答一个问题：为什么工作多年后会选择考研？

其实，这个问题，就是帮助他们明确自己的需求。由于学历导致工作晋升遇瓶颈；对现有工作产生厌倦，希望转行求突破；职场发展迷茫，希望借学习来探索、晋升管理层；需要更新知识体系、职场人际圈过小；希望在同学中找到自己的好朋友；想要给孩子做个好的榜样，因为觉得父母的终点可能就是孩子的起点……

一个个需求由同学们从自己的口中说出，不断地强化希望提升学历的想法。

接下来做小结，在职研究生可以帮助他们实现提升学历、提供平台、拓展人际关系、搭建知识体系等需求。

那么，到这里，我们的第一步——明确定义顾客的需求，就算完成了。

要明白，只有真实的需求才是有说服力的。我们要做的，只是帮助对方挖掘出自己的需求。

头脑风暴：你的产品主要满足客户哪些方面的需求？你可以采用什么方式来激发顾客心中的需求？

2.【反派】找出顾客的核心问题

顾客明确了自己的需求，但是在满足需求的过程中，他遇到了"反派"。

对于反派的描述要遵循 4 个要求：反派必须是问题的根源；反派要让人产生联想；反派不能太多；反派要足够真实。

所以，你的顾客在满足自己需求的过程中遇到的"反派"，其实就是他的"核心问题"，也是他需要你的原因。

例如，时间管理最大的反派就是"分心"，所以时间管理的方法主要聚焦于如何让你更加专注。

想一想，你的顾客在满足需求的过程中遇到的反派主要是什么呢？

第二步，经过分析调研，我发现，对于在职备考研究生的人，其实最大的反派是"难以坚持"。这门考试本身难度不是很大，能够从头到尾坚持学下来的同学往往都能通过。但是，不到25%的考研通过率，却源于很多人根本没有完成系统的学习。所以，反派是——难以坚持。

这门考试的特点是，在职备考者本身的学习时间很零碎，而且考试时间紧，任务重，需要找到快速的解题方法。同时，成人在学习时往往自控力不够，如果没有比较好的监督机制和伙伴间的互相监督，很容易一时兴起，过后放弃。

总结一下，就是整体缺乏科学规划，解题方法不够强大，没有伙伴共同备战，没有老师答疑解惑。

无论是哪个环节出了问题，都有可能导致备考者难以坚持——这就是顾客的核心痛点。

头脑风暴：顾客要对付的反派是什么？反派制造的冲突有哪些？这一步的核心目的是——了解问题，找到痛点。

3.【化身引导者】把自己化身为引导者，赢得顾客信任

在这个故事里，你的角色不是英雄，英雄是顾客，你扮演的是引导者的角色。你曾经和英雄遇到了相同的困难，但是，你在自己的故事中已经成功地克服了困难。所以，现在你要把自己的成功经验介绍给新出征的英雄。

想要成为一个优秀的引导者，你需要在英雄的心中建立两个印象：同理心和权威。当我们对顾客的烦恼展现出同理心时，彼此的信任关系就会迅速建立起来。

但仅有同理心是不够的，你还需要建立权威。你需要告诉他，你

不仅懂他的烦恼，还知道好的解决方案。并且，这套解决方案已经帮助过很多人。

如何建立权威感呢？使用者见证——让别人替你发言；统计获奖记录；列举与你往来的公司名称等多种方式都可以帮助你建立权威。

第三步，化身为引导者。

我们的班主任都是曾经成功考上在职研究生的人，他们每个人都具备天然的同理心。而且，我也会分享一段自己备考的故事。由于和学员们经历过相同的烦恼，亲切感会飞快地建立起来；而权威感的建立则可以通过介绍大咖、高通过率、学员评价等来实现。

这些具体、清晰的内容，会在顾客心中建立起明确的权威感。

头脑风暴：为了成为顾客心中的引导者，你该如何展示自己的同理心？有哪些方式可以增加你的权威？

完成上述三个任务，你就完成了第一步：激发渴望，建立信任。明确定义顾客的需求，找出顾客的核心问题，并展现出同理心，建立权威感，让自己化身为引导者，从而赢得顾客的信任。

接下来，我们要做的就是消除顾客的疑虑。

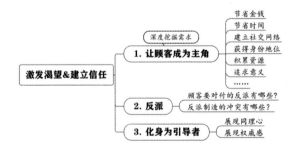

第二步：制订计划，消除疑虑

第二步我们只有一个核心任务，就是作为引导者，为主角制订翔实的计划，消除其疑虑。

顾客现在已经明确了自己的目标，但他依然心有疑虑：你真的能够帮助他完成目标吗？对此，你可以通过"两类计划"——流程计划和协议计划——消除顾客心中的疑虑。

流程计划指的是将我们能够提供的具体服务内容清晰地呈现给顾客。例如，详细介绍我们帮他制定的全年课程规划以及他会享受到的服务内容等。

协议计划特别针对顾客的担忧。例如，有同学觉得自己基础特别差，如果一年没考过怎么办？可以提出相应的解决方案，比如提供保过班选项，即第一年没过第二年免费重学，帮助他打消疑虑。

头脑风暴：你能够提供给顾客的清晰的流程计划是什么？顾客存在的疑虑有哪些，可以通过怎样的协议计划帮助顾客打消疑虑？

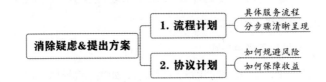

第三步：唤起行动，确保成交

我们现在已经成功地定义了主角的渴望，知道他们遇到了什么样的挑战，理解他们的感受，展现了如何运用专业能力协助他们，并且制订了具体可行的计划。

接下来要做的事情，就是让他们采取行动，真正与你这位"引导者"形成联盟关系。

要实现这一步，我们需要完成以下三个任务：

1. 唤起主角采取行动

2. 帮助主角避免失败

3. 获得最后的成功

1. 唤起主角采取行动

如果你对自己的产品有充分的信心，而且前面的步骤完成得足够好，你可以直接告诉他们购买产品的具体方式。

当然，如果你的项目价格较高，成交难度相对较大，也可以采用"渐进式"的方法，例如，通过免费资料分享、产品使用人推荐、样品或产品试用等方式引导顾客行动。

头脑风暴：你对产品的订购方式是否表述得足够清晰？应该选择直接式还是渐进式的促成方式？

2. 帮助主角避免失败

在这一步，我们需要明确地告诉顾客，如果不选择你，会有什么样的风险；不买你的产品，顾客会有什么损失。

绝大多数人的购买动机，来自讨厌损失的心理。所以，你要说清会给对方造成的损失。当然，要把握好度，不要过多，三条足矣。

头脑风暴：如果不选择你的产品，顾客会有什么损失？

3. 获得最后的成功

在故事的最后，你要传达"清楚的愿景"，告诉他们购买了产品或服务后生活会变得如何。

谨记，画面是勾勒愿景的重要形式。

在一席介绍的最后，有同学们拿到录取通知书的场景，有同学们在学校读书、参与丰富多彩活动的场景，具体而清晰地展示了同学们的愿景。

我们的目标就是，尽全力帮助每个同学完成他们的目标。

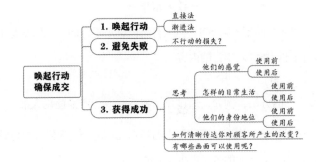

【实战作业】

用英雄之旅的结构，为你的产品或公司定制一个销售故事吧！

— 其他结构 —

除了金字塔结构、黄金圈结构、英雄之旅结构，其实还有很多结构可以应用。比如，适合即兴发言的PREP结构：Point（观点）— Reason（理由）—Example（例子）—Point（重复论点）。

其实，这就是我们非常熟悉的"总分总"结构。

时间轴结构，过去-现在-未来，用这种时间线索把不同的故事联系起来，故事之间便有了清晰的逻辑。

对于初学者，我建议先熟练掌握前三种我讲解得非常详细的结构，在实践中反复应用、反复思考。随着练习的深入而灵活变通，你会发现，对于在工作中遇到的大部分问题，我们都能快速找到清晰的思考方向。

— 注入精华 —

好的表达不能没有结构，但只有结构也是不行的，我们需要在逻辑清晰的结构里注入丰富的内容。

— 故　事 —

故事是说服、沟通、打动他人的基本技巧之一。把好故事巧妙地融入结构中，会让你的表达产生惊人的力量。

在《像TED一样演讲：创造世界顶级演讲的9个秘诀》这本书里，有过这样一项研究——让一个人讲故事，几个人听故事。在故事进行的同时，研究者扫描讲故事的人和听故事的人的大脑。

研究者发现，故事开始之后，听众的大脑就在一定程度上成了讲故事的那个人大脑的镜像——故事讲到动情的地方时，讲故事者大脑的"岛叶"——这个区域负责感情——就会活跃起来，而听众大脑的"岛叶"也会跟着活跃起来；如果讲故事的人的"前额叶"——这个区域负责理性决策——活跃起来，听众大脑的"前额叶"也会活跃起来。

故事，让听众的大脑和你同步，这就是故事的力量。

我想和你分享一个在万维钢老师的《精英日课》中听到的，让我印象特别深刻的故事。让我们一起来感受好故事的力量。

这个故事是布莱恩·史蒂文森在2012年的一次TED演讲里讲述的。

史蒂文森的外祖母有十个子女，子女们又各有自己的孩子，他们是一个很大的家族，所以史蒂文森小时候并没有多少机会跟外祖母单独相处。但是家里人都知道，外祖母是个有智慧的人。史蒂文森9岁时，有一天，外祖母叫住他，领着他离开众人，找了个小房间跟他单独谈话。

外祖母说，布莱恩，你知不知道，我一直在观察你。我发现你是一个非常特殊的孩子。史蒂文森受宠若惊。

外祖母接着说，我认为你将来无论想做什么事情都能做成。可是想要达到那样的成就，你必须答应我三件事。

史蒂文森有点懵，他马上说，行，我答应你。

外祖母说，第一，你必须保证永远爱你的妈妈，永远照顾你的妈妈，那可是我的好女儿。

第二，你必须永远做正确的事，就算有时候正确的事很难，你也要做正确的事。

第三，你必须保证，永远都不喝酒。

史蒂文森说，可以！我保证。

从此之后，史蒂文森就有了一种特殊的使命感，觉得自己责任重大。此后，他也的确做到了对外祖母的承诺——至少做到了从来不喝酒。

长大以后，史蒂文森有一次和表兄弟们一起聚会。大家买来啤酒，但史蒂文森执意不喝。

有个表兄弟觉得史蒂文森很奇怪。忽然，他恍然大悟地说：布莱恩，你不会还想着外祖母跟你说的话吧？她是不是说你是个非常特殊的孩子？

—— 她跟我们每个人都说了这话！

听到这里，观众哄堂大笑。

但是史蒂文森接着说，我今年52岁了，我从来没喝过酒。

这真是个好故事，对吗？听众莞尔一笑的同时，也会感觉到演讲者的真诚与正直。

前文提到过的酒店高级经理，她也给我讲过一个让我印象极其深刻的故事：

有一家人从美国到四川玩，他们从青城山上下来后就住到了我们的酒店。结果，小女孩Grace发现，妈妈留给她的遗物——陪她长大的小被子找不到了。

我们第一时间联系了青城山上的酒店，也寻找了一切可能的地方，但还是没有找到。为此Grace哭了整整一天，因为她觉得妈妈留给她的唯一的念想没有了。

我们前台的一个男生Edwin觉得必须要为她做点什么。他苦思了许久，终于想到了一个点子：他从SPA拿了一套全新的丽思卡尔顿儿童浴袍，并且拜托洗衣房值班人员绣上了Grace的名字。之后，他写了一张卡片，并让所有的当班同事签名。

当Grace回到房间看到这个礼物和卡片后，她和爸爸一起冲到大堂，抱着我们每一位同事，哭着表达自己的感激之情。

卡片上是这样写的：

"亲爱的Grace，我是你最爱的小被子，我要和你说的是，我要回到天堂去陪你妈妈了，不然她也会孤独的。但是，你不用担心。现在，我的好朋友丽思卡尔顿小浴袍会代替我陪你长大。

"我还想转达你妈妈想对你说的话：可能没有人可以陪你走一辈子，但是，你要相信永远有人默默地爱你，希望你快乐健康地生活。妈妈永远爱你。"

每每有人提到这家酒店，我就会想起这个故事，也对这家酒店充满了好感，这就是故事的力量。

你想不想也拥有属于自己的故事？你会不会觉得，好故事都是别人的，我什么也没有呢？

不要担心。著名的"故事专家"安妮特·西蒙斯在她的畅销书《故事思维》和《你的团队需要一个会讲故事的人》中，给了我们相关引导。

故事可以从三个角度思考——我是谁的故事，我为何在此的故事以及我的愿景故事。这些故事从哪里找呢？

作者说，你可以从自己的光辉时刻，你失意时候的感悟，你的良师益友的故事，以及一本书、一个电影中去寻找这些故事。

我们可以根据这张思维导图去思考自己的故事：

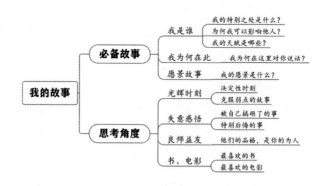

在这三类故事里，我最喜欢的其实是愿景故事。《你的团队需要一个会讲故事的人》中对愿景故事的描述，非常撩拨人心——

一个好的愿景故事会让你对未来的期许变得具体，变得真真切切。当你精心打造细节，全方位撩拨感官，让一个愿景变得生动的时候，明天的收获就远远超越了今天的负担，排山倒海而来的阻挠就成了可承受范围内的小考验。

愿景故事让你从眼前的困难、复杂、模糊转移，抬眼看看值得为之奋斗的明天，让你抵制每日的诱惑，不会改变方向，不会妥协，不会分心。如果没有一个发自内心的、易于想起的愿景，我们很容易就会忘记自我，忘记自己为何在此。

愿景故事创造了一个可感知的、想象中的未来——就像用橱窗中闪闪发亮的自行车激励孩子做家务一样，想象未来得到自行车的场景就让人有了力气。

当我们利用想象，看到、品到、摸到、闻到、听到一个真切的、令人激动的未来时，眼前的工作就显得不那么困难了。

写下属于你的愿景故事吧，它会成为你前进路上的指航灯，让你始终砥砺前行。

一 信息化语言 一

什么是信息化语言？它是逻辑脑所钟爱的部分——数字、细节、事实、对比。

换句话说——让语言尽可能落地，而不是使用抽象的形容词。

举个例子，我们来对比一下这两组句子的表达力差异：

1. 我是个学习能力还不错的人，积极向上，主动学习，所以对于这次研究生考试，我还是很有信心的。

2. 我是个学习能力还不错的人，2010年以815/990的分数考取了商务托业证书，2012年考取了西班牙语C1——相当于国内的专八，最后一年还每天往返两个多小时学习葡语，且基本达到中级。所以，对于这次研究生考试，我还是很有信心的。

这是我辅导一个学生做MBA面试时，问他是否有信心通过这次考试时给出的回答。前一个是最初的回答，后一个是我们深度沟通后修正的答案。你看，加入了数字、细节、事实等细节后，这段话的表达力瞬间被提升。

在表达时，请尽可能地思考——有哪些信息化语言可以丰富我们的表达?

— 类比法&建构法 —

对于一些专业领域的术语,我们一定要考虑听众是否明白。如果这是他们比较陌生的领域,要运用类比或者建构法,让听众和我们站在同样的沟通层面上。

类比法,就是把陌生的领域比喻成听众熟悉的内容。比如,现在的区块链,其实就像几十年前的互联网,虽然还未发展成熟,但未来有着极大的潜力。

建构法,就是在听众原有知识的基础上,构建新的知识。

比如,我的学员 Windy 是次时代建模项目经理。当然,大多数人都不明白次时代建模到底是什么,她是这样介绍自己的工作的——

在电影《流浪地球》里,关于空间站的部分,其实基本都不是实体制作,而是用次时代建模做的。包括其他众多的特效场面,都需要以建模为基础。还有大家喜欢的游戏《王者荣耀》,其中的角色也是经过了原画—建模—绑动画等过程才最终呈现在我们眼前。我们负责的,就是建模这个部分。

用了巧妙的建构法,联系别人熟悉的领域,就会把对他人来说陌生的内容介绍清楚。

在逻辑清晰的结构里面,注入故事、信息化语言、类比法、建构法等精华,所呈现的内容就会非常精彩。

第三节　公众表达星呈现

有了精彩的内容，公众表达其实只成功了一半。因为，想要完成出色的公众表达，还需要你克服自己的紧张情绪，并提升非语言的因素，例如准备好精彩的幻灯片等。

接下来，我将对这几点做详细分析。

― 克服紧张 ―

著名作家马克·吐温曾经说过，演讲的人只有两种，紧张的和假装自己不紧张的。所以，紧张其实是一件很正常的事情——这是我们的本能反应。

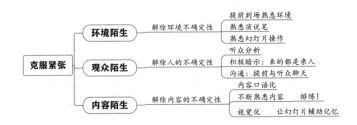

想象一下，远古时代，我们的祖先被狼、虎等猛兽盯上了，他们

的第一反应一定是马上就跑。紧张，其实是因为你感受到了危险。所以，克服紧张，其实就是降低自己觉得危险的因素。

你会对什么感受到危险呢？可能是陌生的环境、观众和内容。所以，为了克服紧张，你可以从以下两个角度来应对：

— 非语言提升 —

除了语言因素，非语言的因素也会影响表达效果的好坏，要考虑到语音语调、姿势和眼神。在这里，我就不做过多阐述了，大家可以多看优秀演讲者的演讲视频，从模仿开始，逐步提升。

对于初学者，能做到吐字清晰、音量合适、字正腔圆、身体自然、眼神温和而坚定，就可以了。

— 魅力PPT —

对一些能够用PPT做表达辅助的场合，精彩的幻灯片会是非常好的表达助力。如何做好PPT，又是一门新的课程了，所以我的建议是，如果你的工作不需要非常专业的PPT，那么学会PPT制作的基本法则，做出简单大气的PPT即可，如果有商务PPT需要，可以考虑外包。当然，如果你想提升这方面的技能，我把《和秋叶一起学PPT》这门课推荐给你。

PPT制作的基本法则是什么？可以参考下图的思维导图：

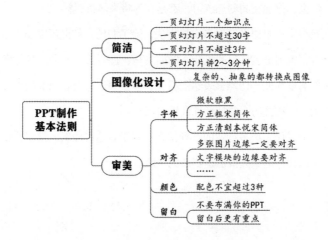

"纸上得来终觉浅，绝知此事要躬行。"公众表达能力，绝不是看书就能练成的。

经常有学员问我：老师，为什么我觉得你在台上完全不紧张呢？我说，我从小学就开始做主持人，练习演讲，从小到大在台上出过的糗事数都数不过来，所以看淡了，自然就不紧张了。

那么，没有从小练习的人，表达能力提升会很困难吗？确实，比起有基础的人，的确要困难一些。但是，种下一棵树最好的时机是十年前；其次，就是现在了。

《远见》这本书告诉了我们一个计算职场生涯的方法，就是用62

减去你现在的年龄。也就是说，看这本书的大多数人，至少还有三十年的工作时间。在这三十年里，你可以掌握任何能力。更何况，对于很多人来说，80%以上的财富都是在40岁以后获得的。

那么，你现在的刻意练习，都是在为将来储备养料。

我在本书中提供了很多实战方法，除了职场，你也可以加入当地的社群，找到更多练习的机会，例如头马、拆书帮、十点读书会等。

你需要抓住一切能够表达的机会，多去表达，有意识地使用书中提供的方法和技巧，并持续地训练自己。

这个时代，很多行业的红利都在向善于表达者倾斜。掌握公众表达，可以让你的个人价值达到质的飞跃。

本章工具 & 实战

— 工具 —

1. 听众分析思维导图模板

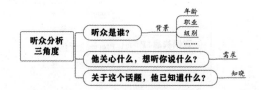

2. 金字塔结构思维导图

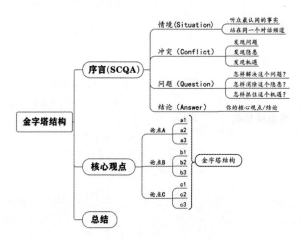

3. MECE思考框架

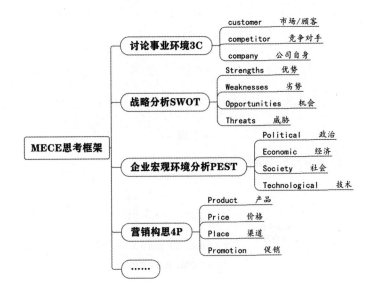

4. 黄金圈结构思维导图模板

5. 英雄之旅结构思维导图模板

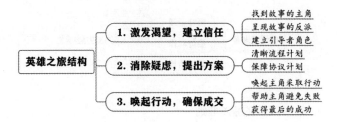

6. 准备故事的两个方向

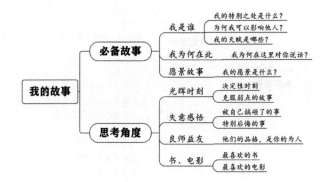

7. 克服紧张的三种工具

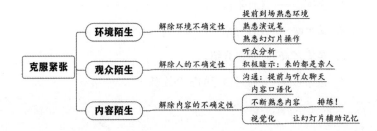

8. 非语言准备的三个要点

9. 精彩PPT的基本准则

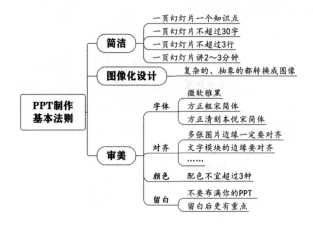

【实战作业】

1. 金字塔——工作汇报

2. 黄金圈——工作介绍

3. 英雄之旅——产品介绍

4. 故事思维——梳理自己的三个故事

第三课

时间管理

时间管理——自律才有自由

你有没有过这种感觉，无所事事地玩乐好几天，或者长时间地追剧，追网络长篇小说后，你的内心会隐隐觉得不安，甚至产生懊恼的情绪。

按理说，你明明是在玩，应该觉得很开心啊，为什么事实并非如此呢？

原来，我们脑中的"自我"其实是由两部分组成的：一个叫作"享乐小人"，享乐小人主要由皮质下的原始大脑组成，它反应迅速、充满动力，但渴望立刻享受，缺乏规划和理智。享乐小人喜欢的是最原始的本能——吃喝玩乐；而另一个叫作"自律小人"，主要是前脑皮质，它反应比较慢、能量一般，但充满规划和理智，能够延迟满足，会追求更高层级的快乐，比如获得成就、被人尊重等。

这样说，相信你已经明白了，享乐小人会享受当下的玩乐，而自律小人却会不满于不上进的自己。这些都是你的"自我"。关键是——你怎么选？

显而易见，沉溺于短期享乐是无法带来成就和别人的尊重的，所以，如果你想过一个丰富有意义的人生，你需要给本身力量不是很大的自律小人注入强心剂，才能帮助它更好地指引你的行动。

而时间管理，就是这样一种能力，它可以帮你实现理想，让你更加自由。

时间管理最大的敌人其实就是不管理。很多人尝试过各种时间管理方法，但是坚持不下去，所以也感受不到任何好处。

本堂课的方法非常简单：三张清单，一个倒计时钟，再加一个记录表，就能帮助你方便、快捷地完成时间管理。

欢迎来到培养你的逻辑脑之第三课——时间管理。

本堂课借鉴了《番茄工作法图解》《博恩·崔西的时间管理课》《巅峰表现》《卓有成效的管理者》《每天最重要的2小时》等时间管理领域的经典书籍，以及线下时间管理培训课程，我将之统合为"时间管理三部曲"：

第一部：三张清单，让梦想落地

第二部：一个时钟，促效率翻倍

第三部：一张表格，使改变发生

时间管理，会让未来的你感谢现在努力的自己。

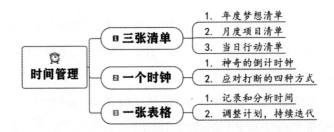

第一节 三张清单，让梦想落地

从管理学上讲，计划指的是"确定组织未来发展目标以及实现目标的方式"；对个人而言也是一样的——计划是"确定自己的目标以及实现目标的方式"。

计划有三个基本功能：明确目标、规划目标实现方式以及备忘。

明确而清晰的目标给你带来自驱力和行动力。当一个人脑中有着清晰的目标时，他往往表现出更多的自律——"我想这样做，是因为……"

而当一个人脑中目标模糊时，往往表现出更多的享乐倾向——不管这么多了，享受现在就好。

在现今的职业生涯中，动力变得越来越重要——懂得自我激励的人比同辈人收入更高，幸福感更强。而计划，就是一种极好的自我激励方式。

规划实现目标的方式能帮助你在执行的时候明晰方向，全情投入。伟大的理想需要伟大的执行，而执行的第一步，就是对目标的实现方式进行具体落地的思考。

如果没有这一步，也许你会发出这样的感叹：我今年的目标，就是搞定去年那些原定于前年要完成的计划……

备忘，其实是计划非常重要的一个功能。大脑的天然属性决定了它是CPU，不是硬盘。储存记忆不是大脑的强项，让我们的大脑同时记住3~4件事，并进行判断是容易的。而一旦超过了这个数字，大脑的运转速度就会变慢，记忆就容易产生混乱。

所以，利用好的计划工具让外脑完成储存功能，让大脑更好地思考，才是高效的做法。

虽然计划有着种种好处，但我在线下授课的时候也会有学员反馈说，做计划太麻烦，而且会花去很多时间；有些人虽然按照公司要求做了计划，但总觉得计划赶不上变化，还担心计划会束缚自己的创造力。

其实，这不是计划没用，而是计划的方式出了问题。

不够好的计划往往会有五个不明确：

不明确任务目的——别人想让我做这件事，但对我有什么好处？

不明确优先级排序——一堆事情摆在那里，先做什么，后做什么？

不明确行动项目——这个任务太庞大，该从哪里开始呢？

不明确预期指标——到底应该做到什么程度？

不明确反馈渠道——我做了以后，应该交给谁呢？

这么多的不明确，计划自然难以发挥作用。所以，计划失灵时，我们应该做的不是不再计划，而是学习科学的计划方法。

— 年度梦想清单：找到你的内驱力 —

自主感是激励人类行为不可或缺的因素。科学家发现，如果是自己决定为什么要做某件事，我们就能排除困难，达成目标。这就是年度梦想清单的意义——帮你找到内驱力。

自由书写法：写下理想中的你自己和人生状态。

你可以问自己这些问题：

1. 如果用形容词描述理想中的你，会是怎样的呢？

美丽优雅，受人敬重，才华横溢，家庭美满？

2. 那时候的你，会拥有什么呢？

家庭如何？事业如何？外貌如何？收入如何？

3. 你将从事的领域，你会拥有怎样的成绩？

4. 取得了哪些资格证书，去过哪些国家？

5. 做了哪些让你想起来就觉得特别美好的事情？

给自己留出特定的时间，好好想一下理想中自己的样子，想得越具体越好，画面感越强烈越好——这些美好的画面将会成为你强大的驱动力。

说到这里，我想向大家介绍我的学员——肖律诗。

我们认识已经有十多年了，他有个很大的特点——喜欢立目标，并且立完以后会广而告之，恨不得让全世界都知道他的下一个目标是什么。最为神奇的是，他最后总能实现这些并不容易完成（甚至看起来遥不可及）的目标。

比如，他在大一参加法学院模拟法庭时，就告知了老师和同学们自己的目标——要开一家律师事务所。

毕业那年，他以全市第一名的成绩通过了司法考试，终于成为一名律师。今年年初，他的律师事务所真的开起来了。

再比如，他很喜欢金庸小说，于是三年前在金迷群里告诉大家，说要写《射雕英雄传》的前传。随后，他在知乎网上连载了这部小说的提纲，结果很快就火了。金庸先生在大陆地区唯一的版权公司也已经开始联系他，希望吸纳他成为该公司新媒体的签约作者。

前年春节，他看《中国诗词大会》第二季时，发了个朋友圈，说他明年一定要参加这个节目。结果，去年的七夕节，他真的拿到了《中国诗词大会》特别节目百人团的邀请函……

肖律诗到底是怎么完成这些看起来并不容易，甚至有点不可思议的目标的呢？

他告诉我，他会写下自己的"梦想清单"，找到自己的内驱力。而他之所以喜欢立目标，并且告诉其他人，就是为了在懈怠的时候警醒自己："嘿，你的目标可是人尽皆知的哦，支持你的人在等你的成功，讨厌你的人在等着看你的笑话哦。"

有了这些想象做基础，你可以进行第二个思考——为了成为理想中的样子，我的年度梦想清单是什么？

写出你的年度梦想清单吧！

没错，只把今年的写下来就可以了。其实，对大多数人来说，对未来的感受是比较模糊的。我们很难预料五年后、十年后的自己到底在做什么。

所以，我们只需要好好想想今年的梦想清单就好了。然后，清晰地列出今年计划完成的目标。

如果是和职场相关的目标，就把它当作给未来的简历做准备。想一下今年完成的某件事情，如果会让你特别骄傲地把它写在简历上，那么，它就是个好目标。

不过要记得，清单中不要单单只有工作。

1938年，哈佛大学教授阿列·博克做了一项名为"格兰特"的著名研究：他追踪268位青少年的成长过程，只为求得一个问题的答案：什么样的人，最可能成为人生赢家？

研究结果表明，想要成为人生赢家，必须"十项全能"！这十项标准中，有2项跟收入有关，4项和身心健康有关，4项与情感有关。

所以，做年度清单时，记得思考下你的健康、家庭、爱情、休闲、成长、朋友……

卓越而不失衡的人生才是值得我们拥有的幸福人生，也是我们进行时间管理要实现的最终目标。

每年年初，写下自己的年度梦想清单。你可以把它写在本子上，也可以记在电脑里、手机上，这是你制定月度项目清单的灯塔，也是你动力的源泉。

当然，本书的大部分读者恰恰处于20～30岁的年龄段。这时候，事业会是一个非常重要的维度。所以，本书的时间管理方法也会更加聚焦于职场，让你在工作中卓有成效，成就斐然。

一 月度项目清单：让梦想落地 一

对于持续、重复性的工作，如果每天变化都不大，或者是几分钟就能够完成的小任务，其实不需要花时间做计划。如果我们的工作中充斥的都是这些持续的、重复的、被动的、简单的工作，真的很难实现真正的职场进阶。

我们需要一个个的职业成果，而这些成果往往是比较复杂、时间线比较长的，比如，"考取行业的某个资格证书""1个月时间，完成某项目的市场调研及可行性研究报告"……对于这些目标任务，科学的计划就非常重要了。

所以，真正让梦想逐步落地的，其实是——月度项目清单。

正如世界闻名的企业家稻盛和夫所说："人不应该设置太长周期的目标，以今天的努力看清明天，以今年的努力看清明年。最开始做时间管理，我们真正的计划周期以月度为单位就可以了。从自己的现实情况出发，由近及远逐步完成。"

— 使用思维导图制作月度项目清单 —

第一步，思考你生活中最重要的几个维度（每个人都是不一样的，你可以从事业、家庭、健康等角度思考）。

以我个人为例，在事业板块，由于我本身就承担了创业者、培训师和作者三个身份，每个身份都有重要的项目需要完成。所以，我把三者单独分拆了出来；对于工作相对简单的同学，可以直接用"事业"这个维度来概括。

第二步：思考在各个维度下，具体着力的方向。

例如，我本身的培训师工作，会分为企业培训、MBA 培训以及喜马拉雅主播三个不同的方向。

第三步：参考年度清单，思考本月要完成的具体项目，这些项目应该是概括性的、成果性的。

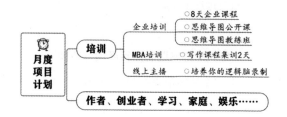

第四步：对每个项目进行拆分，分解到天，对于没有明确时间节点的项目，要规定好 Deadline（截止日期）。

同时，我们可以使用思维导图工具自带的进度管理工具，加入进度管理小圆圈，做完打钩，这样会有成就感！

例如，我每天的音频栏目的制作是没有人监督的，所以，我一定要自己设置监督机制：具体录多少期，什么时候录制……都要提前思考好。如果没有提前计划，这种无人监督的项目很容易搁浅。

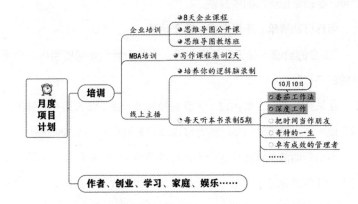

月度项目清单的5个基本原则

1. 一定要加上截止日期；

2. 项目拆分尽量做到不重复、不遗漏；

3. 对于没有人监督，自己又特别想要完成的项目，最好把截止日期告诉别人，或者把自己的计划发到朋友圈，让公众的力量来监督自己；

4. 月度计划阶段不宜过细，分解到天就可以了；

5. 做每个项目规划的时候，花时间想一想：自己要做什么？要做的这件事和年度目标的关系是什么？

尽管我们不能把工作任务的每件事情都变成自己的爱好，但科学原理告诉我们，如果花时间想一想自己为什么要做这件事，这件事和自己的关系在哪里，做好了对自己的好处……我们就更有可能办成这件事。

月清单在刚开始做的时候不必要求尽善尽美，在过程中只要灵活调整，做完打钩就好。这样，到了月底，一张计划清单就会变成总结清单，会带给你满满的成就感。

当日行动清单：千里之行，始于足下

"生命的价值不在于活了多少天，而在于我们如何使用每一个平凡的日子！"

在某种程度上，如何过一天就是如何过一生。每天用几分钟的时间，做一个当日行动清单，就能够提高一天的效率，增加愉悦感。

当日行动清单就是你这一天的任务清单。一个好的任务清单，不仅不会让你感觉过于疲惫，还会让你的工作成效显著。你可以给自己准备一个日程本（手账本），也可以就从一张纸一支笔做起。

当日行动清单有两个核心目的：做规划+排列优先级。一日之计在于晨，做规划和排列优先级都是很消耗能量的，不太适合下午做。所以，列出当日行动清单，可以是你每天上班所做的第一件事情。

你需要：

思考今天要完成的重要任务，不超过三个。

我们的大脑喜欢赢得小胜，但是，即使是小任务做得再多，也抵不上一项重要任务带给人的成就感。所以，在做计划的时候，我们先要认真思考今天的重要成果是什么。

要注意，重要任务不要超过三个——你想做的事情越多，完成的可能性就越小。同时，你的任务要有具体可衡量的工作成果。

例如，完成可行性研究报告的财务分析测算，完成月度工作总结汇报的撰写……

找到一天中状态最好，不受干扰的时间，专心处理重要任务

我们每天不同时间段的能量是不一样的，你要找到自己的高能量时段，专心处理重要任务。

时间管理大师博恩·崔西曾提过一个"大青蛙理论"：如果你每天早上做的第一件事就是吃掉一只活青蛙的话，那么你就会欣喜地发现，这一天里再没有什么比这个更糟糕的事情了。

"青蛙"代表的是那些极具挑战性，做了就能带来很大价值的事情，也就是我们刚刚规划出的大任务。由于它们往往比较复杂和困难，我们总会倾向于拖延和回避。

但是，博恩·崔西告诉我们，早晨第一件事情如果安排为"吃青蛙"，也就是完成有挑战的任务，那接下来的一整天都会非常愉快。

安排出"志愿者时间"，专门处理琐事

把琐事放在一个区域，安排一个时间段集中处理，不要让琐事处理和大任务执行交叉进行。

经过这样的梳理，我们就有了一张当日行动清单。

推荐给各位读者一款非常好用的手机APP——滴答清单。你可以把它当作你的当日行动清单工具。

每天早晨，打开滴答清单，把当日最重要的三件事写进去——软件自带了优先级排列、定时提醒等一系列功能，能够帮助你更高效地管理时间。

克服拖延

即使拥有了一张完美的当日行动清单，你可能偶尔也会和我一

样，遇到这样的困扰：这个任务真的好难，做起来好累，明明知道它真的很重要，依然很不想开始，写在清单上好久了，就是不想做……这些话语不断地在你的脑海中回想，以至于一些重要的工作始终难以开展。

其实，作为一名培训师，比起声情并茂的表达，写作并不是我的强项，每每想到要写文章，我的心里其实都是抵触的。这时，有三个很有用的方法帮助我进入写作状态，你也可以试试看——

第一，把"以完成任务为标准"改为以工作时长为标准

不明确要求自己今天要写多少字，而是告诉自己，我今天只要坐在那里，写2个小时，无论写了多少，今天的任务就算完成了。调整为这样的心态后，对写作的抵触好像就没那么严重了。而且一旦真的开始写，就会发现这件事并没有想象中的那么困难。

第二，把任务拆分为细致的"下一步行动"

有时，拖延的原因是任务太大了，不知道该从哪里入手。这时，你可以做的事就是把任务进行适度拆分。

依然以写书为例，如果当日行动清单上写的是——完成时间管理章节的写作，我可能真的会无从下手。所以，我把这件事拆分为：

① 制作时间管理章节核心知识点思维导图；

② 查阅资料，为每个知识点补充案例；

③ 把思维导图转换为 Word 版本的文字描述。

拆分为三步之后，再聚焦到第一步——制作时间管理章节核心知识点思维导图。

如果还无从下手，可以再进行拆分：

a. 调出之前"时间管理道法术"思维导图；

b. 在原有导图基础上，根据书籍受众进行调整。

拆分之后，思路马上清晰了很多，任务也简单了很多，自然就不会拖延了。

第三，重要不紧急的任务，一定要设置Deadline，并找人监督

在时间管理中，任务分为四个象限——重要又紧急、重要不紧急、不重要但紧急、不重要也不紧急。这其中，对于重要又紧急、不重要但紧急的任务，我们往往是不会拖延的，因为"紧急"本身就会让我们开始行动。如果不行动，就会有比较严重的后果。

我们拖延的，往往是那些重要不紧急的任务，比如学习提升、强身健体、与同事间的情感沟通，等等。这些任务如果不做，也许会在后期产生严重后果。比如，发现自己能力跟不上工作的要求、身体健康出了状况、和同事关系不好导致工作推进困难等，等到事到临头再抱佛脚，往往就来不及了。

所以，对于重要而不紧急的事情，我们要主动把它变成重要又紧急的事情。怎么做呢？你可以给自己设置Deadline，设置奖惩机制，并且找人监督或者公之于众。

比如，做培训师需要阅读大量的书籍，但我会担心自己有时犯懒不读书。于是，我的解决方案是——在喜马拉雅FM开设一档《每天听本书》栏目，每天对一本书进行解读，并宣布自己要做100期，还请身边的人来监督。

不知不觉间，这档节目的关注人数已经有数千人了。而目标立下后，哪怕是为了面子，我也要坚持做下来。有时候，下班回家已是凌晨时分了，我也要坚持把节目录制完。

通过这个方式，那些原本重要不紧急的事情就变成了重要又紧急的事情。而我自己也在完成任务的过程中得到了巨大的收获。

我的朋友Cindy一直想健身，但是总坚持不下来。后来，她加入了MBA组织的沙漠挑战赛。从此，她每天跟着团员们训练打卡。因为有了明确的目标、截止时间和监督机制，她完全像变了一个人，哪怕出差都不忘出去跑3公里打卡。从最初跑1公里都气喘吁吁，到3公里完全达标，她只用了一个多月的时间。

你也可以思考下，你是否也有什么重要不紧急的任务一直想做，却一直没时间做？有什么方式可以把它变成重要又紧急的任务呢？

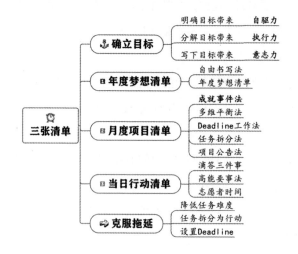

第二节　一个时钟，促效率翻倍

一个当日行动清单，为我们开启了美好的一天。

你会发现，有些人用一张清单很好地管理了自己的时间。但大多数人的时间安排却不断被打断——计划永远赶不上变化。特别是在互联网时代，电脑弹窗、手机信息、微信提示……精彩的、无聊的讯息层出不穷，不断地吸引着、分散着我们的注意力。

所以，提升效率，让好的计划变为现实，就成了很多人的当务之急。

— 工作效率低？试试一次只做一件事 —

美国的一项研究显示，员工在办公室上班时，大约每3分钟就会被打断一次工作。这份研究还表明，人们的电脑屏幕同时开启的窗口平均为8个。

信息时代，我们生活在关注度不足的文化里，我们要面对来自电视、收音机、手机、视频游戏以及网络的各种信息。工作节奏频繁地中断，重复的活动，迫近的期限……常使我们力不从心。而那些真正想要你出色地去完成的工作，最需要的恰恰就是"专注力"——要激发出自己的最佳状态才行。

研究表明，同时开展多个工作会有损工作效率——也就是说，一心多用会延长我们的实际工作时间。

美国麻省理工学院的神经学家厄尔·米勒的相关实验研究也同样证实了：相比循序渐进地做事，同时做两件或者多件事需要付出更多的脑力。

当实验参与者们同时处理不同工作时，米勒对其进行了脑部扫描，他发现即使在他们面前有很多看得见的物体，但也只有1~2件会引起大脑的反应。

这就表明，我们实际上只能集中精力同时做1~2件事。

特别说明，多个工作指的是都会使用脑力的工作，例如，作报告和回复信息。但如果一项任务的完成主要依靠的是几乎不需要思考的体力活，那么，完成这件事的同时做别的事也是可以实现的。

对于同样耗费脑力的任务来讲，同时做两项任务的人比先后依次完成两项相同任务的人所花费的时间要多30%，并且前者的错误率是后者的两倍。这个发现已经被科学家们反复地验证了。

同时，如果我们在进行一些用脑较多的工作时，被突然插进的消息打断，可能要花十几分钟才能够重新厘清思路。如果用每次分心的损失乘以平均每天被打断的次数，你就会知道我们每天有多少时间被这样悄无声息地浪费掉了。

— 给任务分批 —

那么，"高效的、理想的一天"应该是什么样的呢？

研究表明，能够缩短工作时长，不那么费时费力的好方法就是给任务分类：把类似的任务放在一组。

其实这个工作我们在规划当日行动清单的时候就提过，把一些琐碎的任务安排在专门的志愿者时间里集中处理，而不是让它们混在"大青蛙任务"中。这样，我们就能够在不同任务切换的时候，节约大量的时间和精力。

与此同时，将"大青蛙任务"拆分成不同的工作内容，也会让我们的效率更高。比如，培训师开发一门课程，包括资料搜集、思路梳理、制作课纲、制作PPT等多个步骤。资料搜集要让大脑完全开放，收集更多的信息；思路梳理靠的是逻辑思维，主要是理解能力；之后还要思考用户需求，匹配相应的知识点，并思考不同知识点的呈现方式……

如果最初就把PPT打开，希望自己能够一步到位地完成PPT制作，其效率反而会很低；而专心做好搜集、理解、思考的工作后再制作PPT，就游刃有余了。

如果你想将任务按照类型进行分类，那么，可以分为哪些类呢？以下这些分类方式可以供我们参考：

1. 深度思考或创意工作

2. 回复邮件或信息

3. 阅读和研究、学习工作

4. 与他人沟通

5. 志愿者项目

关于最后一类，其实是一个巧妙的办法。志愿者项目的提法来自
《单核工作法》这本书。你既然是做志愿者，自然要对任务不那么挑
剔才行。你可以把你不太想做的事情放进去，告诉自己说："我现在
就是个志愿者，专门为他人服务。"这样心情就会好很多。

一 找到自己的高能量时间 一

看看你的日程安排，找到不容易被打扰的时间段，专门用来执行
"大青蛙任务"。还要试试，在什么时间段内做什么任务效率最高。没
有必要迷信一天只有某个时间段适合做某一类任务。

时间管理是个极其个性化的技能，你可能是早起一族，或者是个
夜猫子，无论你有哪种习惯，都需要找到你的"最佳状态时间段"，
尽可能不受打扰地处理最复杂的"大青蛙"任务。

你真的想有所成就？那就让自己对那件事有足够的渴望

无论再怎么规划，其实"大青蛙任务"依然是最大的挑战。特别是
一些没有具体时间限制的"大青蛙任务"，例如考证、学习、充电等。

我做在职研究生培训时，接触到大量工作后选择继续深造的同
学，我发现，在基础相差不大的情况下，一个人是否能成功考取，与
其对这件事是否有足够的渴望关系极其密切。

一旦这个学生发自内心地对考研有足够的渴望，那么，他就会主
动安排出时间学习，无论工作再忙，都能够保证学习任务的完成。

话说回来，忙从来都是相对的，你觉得你太忙而没有时间做一件
事，其内在的逻辑多半是——这件事情还不够重要。

一旦一件事情成为你的第一优先级，那么，就不存在"忙"这回事了。我建议，每年我们都应该有一个这样的"第一优先级事件"，比如学历提升、取得行业资格证书、精通一项技能等——不用太多，一个就够了。

重要的事情一年完成一个就够了。成功是成功之母，完成一个个的大任务，会给你带来持续的自信，让你相信自己可以更加优秀，这是我作为考研培训师亲眼见证的。

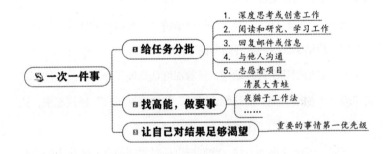

— 神奇的倒计时钟 —

倒计时钟是一个非常奇妙的工具，它不但是行动触发器，也是专注保护仪，还是休息提醒钟。

倒计时钟是时间管理的好工具。对于拖延的人，它可以帮我们快速启动；对于勤奋的人，它可以帮我们张弛有度地应对工作和生活。

建议你直接买一个轻便的倒计时钟（网购直接搜索倒计时钟、番茄钟均可），而不是使用手机计时，因为手机本身就很容易让我们分心。

接下来，我们说说倒计时钟怎么用。

— 行动触发器 —

很多时候，启动工作比推进工作要困难，特别是对于比较有挑战的"大青蛙任务"。就像骑自行车一样，最开始其实是最困难的。《深度工作》一书告诉我们，如果在工作生活中加入特别设计的惯例和固定程序，就能够令进入高度专注状态时消耗的意志力最小化。

那么，什么是特别设计的固定程序呢？有的时间管理老师会告诉你，在心里对自己说："3、2、1，发射"——这是个蛮有趣的方式，使得启动倒计时钟更加可视化。

我们也可以这么做：对照当日行动清单，选取行动任务，预估工作时间，启动倒计时钟，开始专注工作。

一个启动倒计时钟的动作，接着深度认真地工作，长此以往，养成习惯，大脑就会把"启动倒计时钟"和"专注工作"链接起来，让我们快速进入专注的工作状态。

同时，通过这样的方法，我们把以往对时间的概念转化为一个时间单元。而通过工具"设定提醒"的方式，也大大减轻了由于时间的流逝导致的紧张情绪。

— 专注保护仪 —

大多数人都不太习惯一次只专注做一件事情，所以，你一开始可能会觉得有点难。这个时候，一个倒计时钟会是很好的专注保护仪。你可以从坚持25分钟开始，你会发现，随着倒计时钟一分一秒地过去，时间会流逝得非常快。

随着专注能力的提升，逐渐提升为50分钟，甚至更长。

有研究证明，人从觉醒状态转变为筋疲力尽状态的时间是90分钟，这期间的注意力是呈倒U形的状态，注意力一开始随着时间而增强，达到一定值后开始下降。如果在90分钟后没有得到很好的休息，注意力就会降低，容易出错。久而久之，人的思维能力、记忆力等都会下降，导致工作效率降低。

因此，我们需要在注意力开始下降之前进行休息，让大脑得到有效放松，以良好的状态进入下一阶段的工作。

时间管理是非常个性化的事，每个人能够保持专注的时间都不同，所以要根据自己的情况灵活调整。

刚开始，你可以工作25分钟，休息5分钟，再工作25分钟，休息……这是个比较科学的节律。待专注力增强后，可以采用工作50分钟、休息10分钟的节律。

— 休息提醒钟 —

有时候，我们一旦沉浸到工作中，很可能会忘记休息。这时候，倒计时钟就是我们的休息提醒钟。

休息之于大脑，就像维生素D之于身体一样不可或缺，有节律的休息会为我们迅速补充能量。

休息时，尽可能不要想工作的事情，要离开工作，做一些不消耗能量的事情。比如看电影、看书、玩手机这种消耗精力的活动，其实都不叫休息，它们只会让你更累。

而且，动起来比不动好，哪怕散步5分钟，都会有很好的效果。谨记，保持好的"工作—休息"的节律，会让你一天都感觉精力充沛。

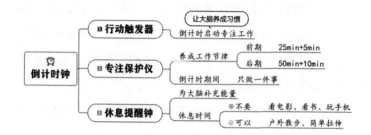

休息时，还有件重要的事情要做，那就是评估一下，接下来的时间里哪件事情的优先级是最高的。这是因为，我们早晨制定的当日行动清单可能会由于白天发生的种种情况而变化，所以，每一个休息的间歇，就可以做一个评估，始终保证要事优先。

一 应对打断的四种方式 一

看到这里，不知道聪明的你有没有发现，我们在这个章节中所谈到的方法都有一个核心目的，就是帮你更加专注地工作。

因为，专注产生高效。而专注最大的敌人，其实就是"打断"。比如，明明你在25分钟倒计时中想要专注地做点事情，却被各种各样的事情打断，让设定的计划泡汤。

所以，想要保持专注，我们一定要学会如何应对"打断"。

线下培训的时候，我会让学员讨论日常被打断的情况。这些情况一般有以下几种：电脑或手机的各种提醒消息，临时安排的会议，同事临时找你帮忙或者讨论工作，自己突然想到有紧急的事情要处理，突如其来的绝妙灵感……

头脑内部念头多，头脑外部信息多，这些干扰就决定了我们很难"活在当下"，也很难专注地去做目前自己手头上的重要事务。

接下来，我将分享一些如何"应对被打断"的措施，让大脑有限的注意力集中在当下最重要的事情上。

第一种： 关闭提醒

在你进行重要任务的时候，一定要把通信工具关掉，特别是微信的群聊提醒，一定要关闭！等休息时再去查看。不然，层出不穷的提示声会成为你最大的困扰。

手机上的通知功能一定要谨慎使用，绝大部分软件都会开启消息提醒——包括很多电脑软件自带的广告弹窗等，这些都是分散你注意力的因素。你可以设置禁止弹窗或消息弹出。

第二种：把手机锁起来

对很多人来说，仅仅关闭提醒是不够的，因为总会忍不住拿起来看看有没有新的消息。我一般采取的方法是直接把手机"锁起来"。其实，很多APP有这样的功能，比如安卓的"远离手机"，苹果的"Forest"，都是帮助你远离手机干扰的工具。

当你知道手机已经被锁起来不能用了，就不会总想去看看有没有新信息了。

你可能会问，如果有重要的信息错过了怎么办？对于这种情况，我建议你提前与同事或家人沟通好，告诉他们你有时会进入深度工作时间，不一定会及时回复信息，他们可以给你留言，等你的工作告一段落后一定会处理。如果事情比较紧急，就直接给你打电话，电话你还是接得到的。

如此，你会发现，90%的事情其实都没有那么紧急，如果你真的接到了紧急事件的电话，你确实要暂停手中的工作，那就先处理紧急事件。

一般而言，你会发现，你身边的人都会对你专注工作给予极大的肯定和支持。

第三种：把灵感统一安放，集中处理

即使你已经全身心地投入了，并且也没什么人打扰你，你仍会发现，大脑不时闪现出各种各样的想法，我们称其为"内部打断"。应对内部打断，最好的方式就是——马上写下来。

你可以统一写在你的"灵感记录"中，用记笔记的方式专门处理这些想法。还是那句话，大脑是CPU，不是存储器。对于头脑中的杂念，一旦写下来，就很容易被清空——这会让大脑倍感轻松，顺利回到之前的重要任务中。

要对新的想法和工作进行处理，可以采用4D法则来评判：

第一步，思考是否可以Delete（删除），这件事非做不可吗？如果不是，就把它果断地删掉。

第二步，思考是否可以Delay（延时），偏离目标的次要工作、资料信息不够完备的工作都可以暂时先放到一边，你可以把它放入月度项目清单。

第三步，思考是否可以Delegate（转交），这点对于管理者格外

重要，要学会授权，将能够委派出去的活儿尽量交给别人干。

如果经过三步思考，这项任务依然存在，那么它就是比较重要和紧急的任务，就可以正式进入第四步——Do（做），将其列入你的当日行动清单中。

第四种：学会拖延和拒绝

对于临时的沟通邀请，你可以弄清楚对方的用意。如果不是紧急的事情，可以说明自己的情况，和对方约定好时间再进行沟通。

另外，你也要思考一下，这件事情是不是非你不可。如果有更适合的人，你可以推荐。有时，学会授权和拒绝，会让自己的时间更有价值，也能够得到别人的尊重。

当然，如果确实是非你不可的紧急事件，就要灵活处理。

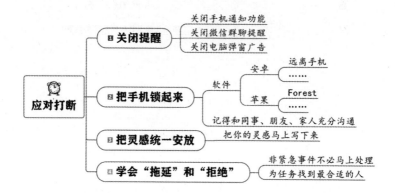

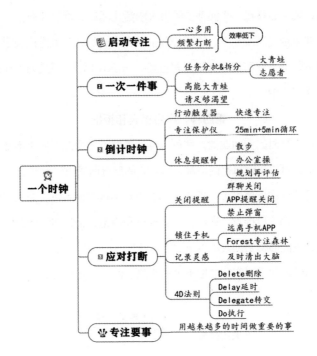

第三节　一张表格，使改进发生

　　火箭发往月球的过程中，只有3%的时间是对准目标的，其余97%的时间都在根据目标方向不断地修正自己的运行轨迹。

　　管理学大师、《高效能人士七个习惯》的作者史蒂芬·柯维说过，结果要经过两次创造，一次在脑中，一次在现实中。脑中就是计划，现实中就是执行。

　　其实还应该加上行动之后的反思。行动后及时反思、改进计划，是保证目标清晰、计划合理、行动有效的法宝。

　　的确，对于真正有效的时间管理，除了科学的计划（Plan），高效的执行（Do），还要有对计划完成情况的分析反思（Check），并根据反思情况对计划和行动方式进行调整（Action），即 Plan—Do—Check—Action——PDCA形成一个闭环。

　　PDCA也叫"戴明环"，是管理学中的通用模型，主要应用在项目管理和质量管理领域。它能保证项目顺利完成，持续改进产品质量。

　　其实，我们丰富而有意义的生活又何尝不是由一个个项目组成的呢？一个又一个项目的完成，积累着一个个成就事件，最终拥有自己的职场品牌——这也是职业生涯中时间管理最重要的目的。

之前的两个小节中，我们分别讲了Plan——如何做计划，以及Do——怎样高效专注地工作。这一节，我们来思考一下Check和Action——如何进行有效的反思和调整。

― 记录和分析时间 ―

好的反思始于对时间的记录

时间管理领域的经典书籍《奇特的一生》，记录了世界著名昆虫学家柳比歇夫做时间管理的方法。柳比歇夫一生发表了70多部学术著作，涉及领域有昆虫学、哲学、遗传学，等等。他在自己26岁的时候创造了一种"时间统计法"——通过记录每件事情需要花费的时间，通过每月的小结和每年的年终总结来统计并分析自己的时间，以此来改进工作方法，以及计划未来的事务，从而提高对时间的使用效率。

这个时间管理法他一直坚持用了56年，直到逝世。

通过记录时间，柳比歇夫获得了精确感知时间的能力，所以他才能在自己的一生发表那么多学术著作，在那么多领域里取得旁人无法企及的杰出成就。

而管理学大师彼得·德鲁克也同样告诉我们，我们应该首先记录自己的时间，然后，通过记录分析自己的时间花在哪儿了。

从以上两位世界级大师的人生经验和著作中，我们可以知道，记录时间，是一切时间管理的基础。

时间的记录非常容易，有很多手机APP可以做到这一点，关键是要有记录时间的意识，并且养成记录时间的习惯。

当然，每个人使用这个方法时感受不同，我做时间记录已经快7年了，之所以能做这么久，完全是因为它给我带来了非常多的收益。而且，我在记录和分析的过程中也感受到了快乐。

如果你觉得收益不大，那么，每2~3个月记录一次也是可以的，有了记录内容，你才能进行好的反思和调整。

记录时间，一张Excel表格就可以

尽管有很多APP可以实现时间记录的功能，但我坚持时间最长的，觉得最好用的，其实是一张时间记录的Excel表格。

高效工作 (红色)		学习时间 (绿色)		家庭时间 (紫色)		运动	娱乐
星期一	星期二	星期三	星期四	星期五	星期六	星期天	
1	2	3	4	5	6	7	
7：10——7：50							
7：50——8：00		高效工作					
		午餐午休					
半小时为一个单位进行拆分		阅读写作	时间管理训练课程				
			运动				
21：00——21：30		家庭时间					
21：30——22：00							
工作	时长总计20小时，主要工作内容有……						
学习							
家庭							
娱乐							
值得表扬							
改进							

在这张表里，横向是重点关注的几个维度，纵向是以半小时为单位的时间分隔。我们每天只需要花几分钟时间，把具体哪个时间段在做哪个维度的事情记录下来就好了。

有了这张表格，我们就能够清晰地对比计划和完成的区别在哪里：我们当日行动清单上的任务是否都花费时间去做了？是不是有些时间在无意识地刷手机、浏览网页中悄然溜走了呢？

时间记录会帮助我们检视自己的人生。正如古希腊大哲学家苏格拉底说的——不经过检视的人生是不值得活的。

很神奇的一件事情是，柳比歇夫在《奇特的一生》中虽然推荐了时间记录法，却并没有具体说怎么记。所以，最开始的Excel表格完全是我自己摸索着制作的，并根据实际情况一点点调整成了现在的样子。

后来，我看了艾力的《你一年的8760小时》，发现他也在大力推荐时间记录法。翻到他书籍的最后一页，是一张和我自己使用的时间记录表几乎一模一样的表格，这让我顿时产生了一种"英雄所见略同"的感觉。

艾力是这样描述时间记录法的神奇之处的：

一个人应该知道自己做了些什么，应该了解自己，这些都可以从时间记录开始。订计划是时间管理的一部分，但不是最重要的部分，如果直接通过订计划来改善时间管理，就好比医院不诊断病情，直接开药。你还不知道你的时间是如何浪费的，怎能确定未来的时间会用得更好呢？

因此，比起管理，时间记录或许更加有效。时间记录会带给你极大的成就感，从而提升自控力。其实，一个人无法成就目标是因为缺乏自控力，而自控力来自成就感，成就感又源于对自己生活轨迹的记录。这也是为什么，习惯记录时间之后，你会觉得这是一件很享受的事情。

分析时间，重点看以下几个要素

1. 分析哪些时间是被我们浪费掉了的。例如，哪些时间的使用既损害我们的健康，又伤害我们与他人的感情联系；哪些时间的使用既不能为我们的人生增加价值，也不能让我们获得身体的放松和心情的愉悦，等等。

2. 分析哪些时间的使用是有意义的。是会对自己的人生产生价值，还是会让我们接近自己的目标，实现自己的梦想。

3. 分析自己能够专注工作的时间为多少。它们都分布在哪个时间段，我们就可以知晓自己有没有在精力最充沛时做最重要的事。

― 调整计划，持续迭代 ―

时间记录表的分析是自己和自己的对话，因为有了持续的记录和反思，给迭代创造了空间和机会。

我有一个学员糊糊，考研初期，她是独自复习的。当她开始学习的时候已经是7月份了。也就是说，她只剩下5个月的复习时间了。

因为没有科学化、体系化的学习方法，所以，复习的初期她进行得很不顺利，每次制订的计划，例如"两周内复习完第3章数学""本月背完一本单词书"等都没能按时完成。于是，她逐渐产生了放弃的想法。

在一次考研线下分享会上，我把PDCA方法告诉了她。回顾过去，她发现了自己的问题——所有的计划都没有"Check"这个环节！而且，她制订计划的周期太长——"两周""一个月"，并且任务量也很大。

这些都使得任务很难在规定的周期内完成，而且由于缺乏检查机制，总是让计划延后，学习任务总是堆在Deadline的前两天，这些都严重影响了她的信心。

后来，她开始用PDCA的方法制订季度计划，并逐步拆分成月度计划、周度计划，每天复习完毕后，整理第二天的TO—DO清单，修正周计划……糊糊最终以227分的高分顺利通过了考试。

不要担心自己最初的时间记录和分析是否做得足够好，只要你开始做，就为持续迭代提升创造了可能。一步步调整，直至找到自己的"高能时刻"，将其用来处理最重要的事情；找到合适的"志愿者时间"，用来处理琐碎的事务，如果发现计划和执行严重偏离，那就分析原因，解决问题，小步快跑，快速迭代。

相信你一定会拥有一套最适合自己的时间管理方法论！

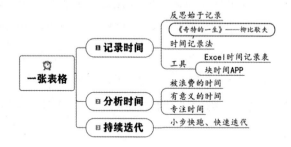

最后，推荐给各位读者一款手机APP——"块时间"，它可以随时随地记录你的时间，还能够自动统计每个项目的总时长，并计算百分比，非常好用。

本章工具 & 实战

通过本章，我们了解了时间管理的PDCA闭环是如何形成的，知道了怎么科学地制作自己的三大清单，用倒计时钟辅助自己高效工作以及如何反思。

一 工 具 一

1. 月度项目清单思维导图

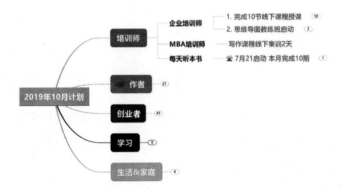

2. 当日工作清单思维导图

3. 时间记录与分析表

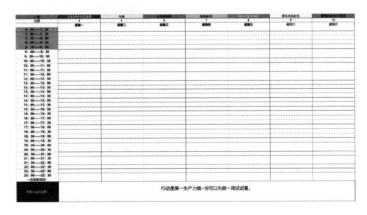

【实战作业】

个人2020年度规划（思维导图版，以此类推）

第四课

高效学习

高效学习——先学学习再学习

这是一个全民知识焦虑的时代，越来越多的人意识到了持续学习、终身学习的重要性。你可能会发现，身边考在职研究生的人越来越多，好多朋友都在线上线下地学英语、学演讲、学思维导图、学时间管理、学各种技能……

可你同样也会发现，一天都是24小时，有人通过高效学习实现了自己的一个又一个目标；也有人整日忙忙碌碌，却碌碌无为。他那么努力，为什么却达不到自己想要的效果呢？

很有可能，是有些人的"学习方法"需要提升。职场学习的学习方法，与之前我们熟悉的、学生时期的学习方法其实有很大区别。职场学习的目的在"学以致用"，特别是致力于能力提升类的职场学习；而学生时代那种以记忆知识为主的学习方法，自然就不适用了。

职场中的学习力，指的是能够通过对各种知识的学习，拥有解决现实问题的能力。

正如著名作家罗曼·罗兰所说，从来就没有人是为了读书而读书，而是为了在书中读自己，发现自己和检查自己。如果你能够做到善于学习，把书中的知识应用到生活中，你所遇到的大部分难题都会迎刃而解。

那么，该怎样实现高效学习呢？

成人学习往往有两个主要目的，一是培养能力，二是学历提升或者获取相应的执业资格证书。其实对成年人来说，还有一个特别好的学习方式，就是集体组织学习。所以，在本堂课中，我们分别就这三个方向逐一分享好的学习方法。

书中的方法论主要源于《如何阅读一本书》《快速阅读术》《伯赞学习技巧》等经典书籍和线下实战课程。

让我们一起进入培养你的逻辑脑之第四课——高效学习。

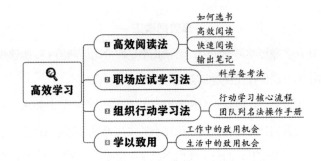

第一节　个人高效学习法

职场学习有很多方式，企业培训、阅读、听网课、考取执业资格证书，等等。本节聚焦于职场高效阅读以及如何在职场高效备考这两个领域做详细解读。

— 高效阅读法 —

在众多职场学习方法中，阅读几乎是性价比最高的——能够被写进书中的方法论往往经过了实践的检验。

一本好书，可能是一个智者用一生的时间去寻找、去追求、去表达的。而我们作为读者，只要花几小时或几天时间就可以读完一个智者一生的经验结晶。而且，我们在职场中用到的很多技能，是在学校里学不到的，这都需要我们通过广泛地阅读来积累知识储备。

— 职场阅读困扰多 —

但在实际生活中，很多人在读书方面存在着困扰，比如，想读书却没时间；感觉自己读书速度太慢；发现自己阅读量少，下定决心要看书，但是看一会儿就困了；因为拘泥于"储存式阅读"，书房里面堆满了尚未阅读的书……

然而，并不是所有人都是这样的。如果你注意观察，就会发现很多人即便已经工作多年，依然保持着大量阅读的习惯。

比如我自己。我本科所读的专业与后来从事的工作几乎完全不相关，但由于我一直保持着广泛阅读的习惯，所以，在工作中遇到困扰时，总能在书中找到答案。

我的一位学员是一家创业公司的董事长，他很爱学习，也非常喜欢读书。他告诉我，他读书的习惯是在这几年逐步养成的，而一旦养成后就根本停不下来了。

因为他发现，之前几十年创业中遇到的种种问题，其实书里早就有了答案。于是，他专门在企业内部成立了读书会，希望能引导更多的职场人，让他们早早意识到大量阅读的好处。

很多人会问：我看太多书，会不会记不住啊？

花一个月的时间仔细阅读一本书，三个月之后，仅能记住1%的内容。那么，同样是花一个月的时间，我们快速阅读5~8本书，三个月之后，我们能够记住的内容就是前者的5~8倍——后者岂不是更加理想？

提高阅读量，获取其中的"知识片段"，积少成多，汇溪流以成江海。这样的理念正是阅读速度慢的人所欠缺的。将细碎知识片段的过程汇总，这些片段将会逐步产生联系，最终形成一个庞大的知识体系。

单靠一本书是不能帮你建立全面的知识体系的，只有通过广泛阅读，才能逐步形成自己的系统认知。

你可能会疑惑，读书难道不应该读精读细吗？大量阅读、快速阅读，最后会不会只是走马观花、浮光掠影，反而不如慢读收获大呢？

这是个很好的问题，如果你想到了，说明你是一个有批判性思维，不会人云亦云的人。其实，不同类型的书籍应该有不同的阅读节奏。

一 不同的书籍，不同的阅读节奏 一

《快速阅读术》把书籍划分为三大类：第一类是不必读的书，第二类是不必快速阅读的书，第三类是可以快速阅读的书。

第一类书籍是不必读的书。你要辨别和挑选适合自己当前阶段需求的书。在后面的内容中，我们会告诉你该如何选书。

第二类书籍是不必快速阅读的书。这种书主要为故事性书籍，你阅读这类书籍的目的是为了欣赏它的故事情节，追求心灵的愉悦。

第三类书籍是可以快速阅读的书。这类书籍的特点是内容主要为"主张＋事实"。我们读这类书的目的是为了实现自我提升，学习书中提供的方法论，更好地指导自己的生活。

我们也称第三类书为"致用类书籍"，即看这些书的目的是为了学以致用——本书中提到的书籍全部属于这一类。

绝大部分的致用类书籍是可以快速阅读的。当然，决定你阅读速度，除了阅读方法，也和你对书籍所处领域的熟悉度有关。比如，我自己作为思维导图、职场表达、时间管理等课程的培训师，阅读这一类书籍时速度会非常快。因为对我而言，书中几乎没有陌生的术语和

不理解的概念。但阅读新领域的书籍时，我的阅读速度就会减慢。

但不管是面对陌生领域，还是熟悉的领域，我们接下来要介绍的职场快速阅读术，都会大大提升你的阅读效果，让你看得更多、吸收得更好。

快速阅读术有三个基本原则：辨别、致用和系统。

"辨别"，指的是你对自己有深刻的认识，知道自己目前阶段最需要提升的能力是什么，可以有的放矢地选书读书，而不是什么话题热学什么。同时，要有清晰的目标，能够知道自己每次读书的重点是什么，或者是可以学到什么方法。

"致用"，即读书的目标是学以致用。有些人学习只是"听听激动，想想感动，回去不动"。如果是这样的话，那职场学习就是失败的，不会起到任何作用。

书是否读完、课程是否听完不重要，重要的是能够和自己的经验发生联系。你要明白，重要的不是记住什么，而是能够将知识应用在自己的工作和生活中，真正做到知行合———这就是学习力的核心。

"系统"指的是搭建自己的知识体系，从而养成解决一系列问题的能力。《穷查理宝典》最核心的理念是，大多数问题都不是一个工具可以解决的。所以，我们只有搭建出自己的知识体系，才能系统地解决问题。

比如，你看到一个人早起早睡，每天精力充沛，工作也卓有成效。你的第一反应是，他的时间管理做得特别好——这没有错。但要达成这一效果，仅靠时间管理是远远不够的，其中一定还涉及习惯养成、情绪管理、内在动力探寻，等等。

希望通过本节的学习，能使你成为职场读书达人。

― 怎样选择适合自己的书？ ―

首先，你要知道自己当下最应该阅读哪些领域的书。我在喜马拉雅FM上开了一档节目，梳理出了一份书单，供你参考。

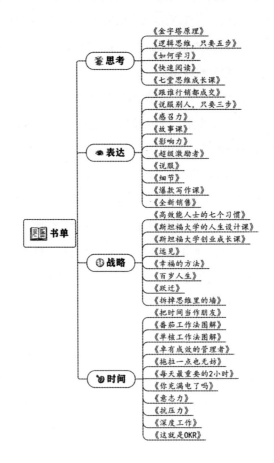

在上边书单的启发下，你可以寻找自己感兴趣的方向，绘制自己的读书导图。除了职场能力导向，你还可以请教自己比较钦佩的人，让他或她帮你推荐有价值的书籍。

选好书后，不要急着开始看，可以先搜索一下这本书的豆瓣评分和书评，看看这本书解决了什么问题，你是否对书中的内容感兴趣等。经过选书、审定后，选择3~4本书，作为当月阅读的重点书籍。

一 留出专门的读书时间 一

按照时间管理中的"当日行动清单"进行分类，读书应该属于"大青蛙"事项——它会消耗脑力，也会占用比较长的时间。

但是，从时间管理四象限（重要又紧急、重要不紧急、不重要但紧急、不重要也不紧急）的分类来看，读书是典型的"重要不紧急"事项。

对于重要不紧急的事情，如果不提前安排好时间，会很容易拖延和搁置。

所以，我们要为读书留出专门的时间。有人推荐利用早晨起来的一小时或者晚上休息前的一小时读书。我则习惯在午休后先读一小时的书，再进入工作状态——你可以选择在任何时间段读书，但重要的是，要做好规划，并且严格遵守。

把读书计划写进月度项目清单：准备读几本书，Deadline（截止日期）是什么时候，输出方式是什么（输出对于职场阅读非常重要，我在之后的章节会具体介绍）。

选到了合适的书，也留出了专门的读书时间，随后该怎样高效阅读呢？

— 高效阅读法之变读书心态为寻宝心态 —

我们之所以觉得读书痛苦，是因为有这样一个误区，那就是认为看书必须一字不漏地看完所有的文字，而且要思考内容，否则就不是阅读。如此，阅读就成了一项任务。

可实际上，我们完全不用这样读书，致用类书籍的架构往往是"痛点＋主张＋解决方案"，里面有大量的文字是用来描述痛点有多痛，主张多么有科学依据，而解决方案又是多么有道理的——这是这类书里必须要有的，因为它要说服你。

所以，我们在看这类书的时候，可以略过这一部分内容。你要明白，我们如果把阅读当成一种探索，会收获很多快乐。

寻宝寻的是什么呢——能输出的内容和可以学习致用的方法

输出指的是我们合上书后可以与其他人分享的、这本书打动我们的精华部分；而致用，指的是书中提供的方法论，也即我们可以具体操作和执行的部分。

你可以学着做一名"内容掘金者"，在书中探索精华，重点找这些内容：痛点，主张，解决方案，适合自己的行动。

怀着寻宝心态，你会发现自己在阅读过程中不但收获了很多快乐，读书的速度也提升了。

— 使用多种阅读节奏，读得更少，读得更好 —

怎样寻宝呢？我们需要掌握三种阅读方式：检视阅读、分析阅读和主题阅读。

第一种：检视阅读

一本书出现在你面前时，肌肉包着骨头，衣服裹着肌肉，可说是盛装而来。在和这本书进行深度交流前，你要先通过检视阅读，了解这本书的大体内容和架构，步骤如下：

（1）用最简短的句子概括整本书的内容；

（2）列出作者想要解决的问题；

（3）列出书籍的核心章节。

具体应该怎么操作呢？

首先，仔细阅读序言和目录。

序言会指出作者的撰写目的与核心概要，而目录是作者精心构想的最佳结构次序，可以帮助我们迅速掌握全书的整体框架和论述的推进过程——在很多时候，仅仅把握整体框架就可以让人受益匪浅。

我个人特别喜欢读目录，有时在线下书店，仅是一本本地翻阅不同书籍的目录，就能够学习到很多东西。

然后，用跳读的方式了解一本书的整体框架，用寻宝者的心态寻找需要精读的内容。拿起一本书时，你要充满期待——这本书好像是关于××领域的，对自己很有帮助。

而在跳读的时候，只需要阅读重点章节——它们才是解答我们心中疑惑的，需要我们精读的部分。

不仅阅读不同类型的书应该用不同的速度，在阅读同一本书的不同内容时，也要有意识地使用多种阅读节奏，做到快慢结合、张弛有道。

找到需要重点阅读的部分后，可以使用分析阅读法，对书中的观点进行批判性的思考。

第二种：分析阅读

对于重要章节，要去理解和诠释作者的思想。你可以诠释作者使用的关键字，与作者达成共识；从重要句子中梳理出作者的主旨；找出作者的论述，重新架构这些论述的前因后果，以理解作者的主张；还可以分析作者已经解决了哪些问题，还有哪些是未解决的。

通过理解和诠释，对作者的思想做出评价。作者说得有道理吗？是全部都有道理，还是只有其中一部分有道理？当然，如果不同意作者的看法，也要给出你的理论依据。

一定要问自己："作者提供的方法论适合我吗？如果我要应用，具体应该怎么用呢？"通过对书中核心章节的分析阅读，把书中最宝贵的精华提炼出来。

第三种：主题阅读

掌握了快速阅读的方法后，可以尝试着进行主题阅读。主题阅读的核心目的是解决问题，它是阅读的最高层次。

以时间管理类书籍为例。

首先，把时间管理类的经典书籍都梳理出来：

《高效能人士的七个习惯》史蒂芬·柯维

《卓有成效的管理者》彼得·德鲁克

《博恩·崔西的时间管理课》博恩·崔西

《吃掉那只青蛙》博恩·崔西

《尽管去做》戴维·艾伦

《番茄工作法图解》史蒂夫·诺特伯格

《奇特的一生》格拉宁（柳比歇夫）

《把时间当作朋友》李笑来

《小强升职记》邹鑫

《晨间日记的奇迹》佐藤传

《拖拉一点也无妨》约翰·佩里

《你一年的8760小时》艾力

……

然后，列出你在时间管理领域遇到的问题。比如：

做事情总是拖拖拉拉，该怎样提升自己的行动力？

感觉工作量特别大，总是加班，该怎样提升工作效率？

用什么方法可以让我们坚持做完重要的事情？

接下来，我们就可以带着这些问题，从上面所列的书中寻找答案了。你会惊讶地发现，对于同一个问题，大部分作者给出的解决方案居然都差不多。其实，好的解决方案就那么多，万变不离其宗。当然，也可能会有一些标新立异的方法论，你也可以尝试一下。

就像《拖拉一点也无妨》这本书，我就非常喜欢。这本书帮助我更好地与有些拖延的自己和解，在明知自己有拖延习惯的情况下，依然可以完成很多重要的工作。

主题阅读就像是同多个作者进行对话，你是主持人，召开了一场座谈会，参会人员都是这个领域著名的专家学者，这种感觉是不是特别好？

当然，你一定想问，主持这样一场对话一定需要很长时间吧，毕竟我看一本书都要好几天，这么多书，怎么可能快速看完呢？

对这个问题，有两种解决方案：第一种，你不需要把每本书都读完，阅读时，要带着问题找答案，看的内容少了，速度自然就快了；第二种，先一本一本地读，读得多了，再进行主题阅读。

因为大多数书你都看过，所以在寻找答案时效率会高很多。再结合后面的思维导图高效笔记，进行主题阅读就会变成一件轻松易行的事情。

— 两个小技巧加快你的阅读速度 —

变逐字阅读为逐行阅读

使用一支笔或者其他细长物体，在看书的时候从上到下地引导我们的眼睛。研究发现，一个人的眼睛可以同时看56个字，所以能够很轻松地看完一行后再快速地吸收周边的内容。从而减少重复读的次数，提高阅读理解和吸收能力。

同时，引导可以使大脑的注意力更加集中，阅读速度不断加快，而且，养成这样的习惯所需要的时间不会超过1小时。

在具体操作时，可以使用多行扫视、S形扫视、垂直扫视等方法。具体引导方法如下图所示——

变"音读"为"视读"

进行速读时，要只"阅"不"读"，因为发音必将影响速度。很多人读书慢的原因就是在读书的同时"念念有词"，这样会极大地影响读书的速度。而视读会让文字符号通过视觉直接反映到中枢神经，省略了发声这一步骤，因而比音读快三四倍。

— 输出式学习笔记 —

不管我们所读的书本身价值有多大，如果没有用笔记再现学习的内容，那么，这些知识化为乌有的可能性就会很大。很多人学习、看书都是看了就完了，没有做笔记的习惯，这就是为什么总有学员对我抱怨说："宋老师，我感觉自己读了很多书，但看完就忘记了，没有太多的收获。"

毕竟，我们在思维导图的课堂上就已了解过，大脑的记忆力是不可靠的。就算有些人做了笔记，但如果笔记本身存在问题，比如不易携带（本子记完就丢掉或者放在家里了），不易整合（无法让旧知和新知产生很好的碰撞），不易修改（笔记在本子上记得密密麻麻，新的想法不易添加）……

这些情况都会对我们掌握知识和技能造成干扰。

如果笔记不方便随身携带，不能随时查看，或者写得太乱，导致自己不想看，看完也回忆不出"为什么需要这些信息""这些信息对我有什么用"……那无论我们当初付出过多少精力，都是在做无用功。

很多时候，我们感觉自己成长速度太慢，真的不是因为参加的培训、看的书、听的课不好，也不是我们本身不够优秀，甚至不是我们付出的努力不够，很有可能是我们的学习方法出了问题。

笔记，应该是帮助我们发挥能力的重要学习工具。

比起学习的内容，更加重要的是如何链接旧知和新知，并且实践学习到的方法和技巧。

有时候，改变记笔记的方式，就能改变自己的能力。

那么，我们应该怎样记笔记呢？

— 高效笔记三大法则 —

高效笔记往往会遵从三大法则：

法则一：主题明确，呈现论点

每页笔记都应该有明确的标题——标题就是你的论点和结论。论点＝问题的核心是什么；结论＝这样做可以解决问题。我们看到核心主题，就能够明白论点和结论是什么。

法则二：逻辑清晰，框架明确

高效笔记不是照搬培训师或者作者的思想，而是基于自己理解的逻辑重构。在有些学习场合，也许发言人本身的逻辑就不够清晰，这就更需要我们在做笔记的时候不断地梳理有效信息了。

高效笔记应该有清晰的框架。

在学习的时候，我们会有这种困扰：知识有那么多，怎样才能全部塞到自己的大脑里呢？核心就在于我们输入的信息是否有清晰的"框架"。

框架＝整理知识的书架。

信息和知识就像是一本本书，如果我们只是把书杂乱无章地堆成一堆，那么要用的时候，就会很难找到。这样的话，即使我们拥有一个图书馆也没什么用。

但如果我们能够用清晰的分类法对其做整理，那么，在需要的时候，就可以快速地找到我们要的信息。

有了框架，无论多么庞杂的信息和知识点，我们都能够从中抓出最重要的内容，并且建构在自己的框架之上，方便我们的大脑理解。学习并不是把所有的信息都尽可能地装进脑子里（当然，这几乎做不到），而是整理出清晰的框架，再充分发挥大脑的联想能力，更好地进行信息的记忆和吸收。

用正确的框架整理大脑中的信息，可以让大脑变得越来越聪明；而用错误的框架整理信息，则会使大脑变得越来越混乱。可以说，是否能够搭建出清晰的框架，决定着我们的学习效果，也因此决定着我们能否成为一个会学习的人。

通用核心框架：事实、解释、行动。

与很多人的笔记核心只有事实不同，高效笔记会多出两个重要的部分：解释和行动。

职场中的学习，主要是为了应用，这就要求我们，无论是听课还是看书，不能只着眼于事实（老师讲的内容和书中写的内容），还要思考解释（他说得对吗？我能够理解吗？和真实的情况相符吗？），以及很重要的一项——行动。

学过之后，应该怎样去行动？什么时候行动？还需要什么必要条件？每一页学习笔记都要尽可能地思考、分析和总结。只有这样，我们对知识的理解才会越来越深入。

能力的养成是从行动开始的。基于对这一点的笃信不疑，本书的大部分章节都"配套"了相应的行动指南。

在学习的同时，我们要思考自己的收获，以及如何展开行动。

法则三：使用颜色和符号，体现主动思考

在笔记中使用颜色，会调动我们大脑的活跃度，但并不是颜色越多越好。最好的做法是，用蓝色或黑色作为主体笔记部分，用红色或橙色作为判断或者重点标注，遇到非常重要或者需要修改的地方时，也可以使用红色。

使用符号，能够鲜活地表达出我们学习时在主动思考。在第一章里，我们介绍了思维导图软件自带的各种符号：有疑问时插入问号，需要主题插入警灯，等等。这些符号的灵活运用，能够让我们化被动学习为主动学习。

使用不同的颜色和符号。这样，我们在回顾笔记的时候，就能够第一时间区分出主次顺序，记笔记时的思路也能够在大脑中重现，进一步提升信息的整理和输出的效率。

例如，我学习市场营销课时，第一次接触到"KOL"（关键意见领袖）的概念——我发现这一知识具有很强的指导性，于是，我使用标注写出了下一步的行动计划（我有一个经常使用的符号——向右的箭头。在所有的导图上，凡是标注了这个箭头的地方，都是我认为需要在实际行动中加以实践的重要的点）。

让我们一起来尝试一下高效笔记吧，以下是《快速阅读术》的节选：

很多人对阅读一直有误解：读书，就是要一字一句仔仔细细地阅读，力求将书本的知识复制到自己的头脑之中。殊不知，正是这种错误的阅读理念阻碍了你的阅读。因为读书的真正意义并不在于复制100%的原文，而是在于邂逅1%的收获。

回顾一下你的阅读经历。对那些深深打动我们，给我们带来巨大影响的书籍，我们真的牢牢记住其中的内容了吗？随着时间的流逝，留在我们记忆里的，往往是某个让我们感到惊艳的片段，而真正让我们有所收获的，往往只是生活中的灵光一闪。

可见，阅读速度缓慢，归根结底，并非我们的能力有问题，而是我们对读书的认识不够。当你提高阅读量，获取其中的知识片段，积少成多后，这些片段会逐步产生联系，最终形成一个庞大的知识体系。

换言之，奢求通过阅读一本书来获得一个知识体系是不切实际的，真正有效的方法是触类旁通，通过多读和有意识的主题阅读，让自己积累更多的片段，直至形成一片知识的汪洋。

这时，"流水式阅读法"就应运而生了。

"流水式"源于英文单词"Flow"，意为"流动"。简言之，"流水式阅读"指的是这样一种读书方法：让书籍内容从心中"流过"。只要"流过"，便有意义。

与之相反的是"存储式阅读法"，这种方法更注重将书籍内容"存储"在脑中。

两相比较，在信息大爆炸时代，流水式阅读是最合理的阅读方式。

在采用"流水式阅读法"时，哪些地方是可以跳读的呢？

第一个判断标准是为了区别其他同类书籍而加入的作者自述。作者自己的经历往往只是为了区分这本书与其他书的不同，对读者而言意义不是很大。如果时间不够，可以跳读。

第二个判断标准是印证理论或主张的特殊事例或经历。一般来说，作者提出理论框架后，会为了提高说服力而举出事例，最后再次总结核心理论或主张。因此，舍弃事例，直接跳读到总结部分，完全不会妨碍理解。

第三个判断标准是渲染期待和危机情绪的夸张表达。为了煽情而写的文字，也可以跳过。

第一步：用思维导图整理核心要点，作者的核心理念是什么？是如何论证的？——思考框架。

第二步：整理时同步思考，哪些内容让我特别受启发？哪些内容我还不理解？——互动式思考。

第三步：哪些内容非常有行动指导意义，我应该怎么做？——启发行动。

还有一个非常重要的第四步，在培训和学习过程中，如果遇到类似的知识，可以重新打开这张导图。随着自己阅历的提升和知识的不断丰富，再对当时的学习内容重新进行解构。

当时觉得好的理论，现在是否有了不同的想法？当时疑惑的知识点，现在能否得以解决？自己行动了吗？采用这样的方法指导行动，是否真的让自己的能力得以提升呢？

是的，知识是需要反复温习的。

— 导图书房 —

每次读书、听课之后，我都会制作思维导图笔记，我也称其为"欣桐的导图书房"，我的书房中有几百张图，记录了我在读书过程中寻到的"宝贝"。

同时，我还存有很多思维导图的听课笔记和会议笔记。这些高效的输出式学习笔记复习方便，检索快速，让我在学习和工作中能够高效地吸收信息，指导行动。

所以，建立一个你自己的"导图书房"吧！

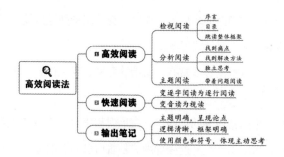

— 职场应试学习法 —

还有一类职场学习比较特别——考试类。这类学习的核心目标就是拿下相应的资格证书。例如，金融类的注册金融分析师CFA、注册会计师CPA、国际注册内部审计师CIA等；工程类的咨询工程师、造价工程师、监理工程师、消防工程师等；人力资源类的人力资源管理师等。

还有人在工作后，由于大学专业与工作职能不匹配，或者晋升到管理岗位后发现遇到了瓶颈，会选择考取非全日制研究生；一些在企业工作的员工会选择考取MBA（工商管理硕士）、MEM（工程管理硕士）等；在政府或事业单位工作的员工可能会选择考取MPA（公共管理硕士）。

但是，要想得到自己想要的结果，就需要通过全国研究生统一考试，而越来越激烈的竞争也对在职人员的学习能力提出了更高的要求。

很多书籍专门讲解了考试类学习方法，比如《如何成为面向未来的学习者》《认知天性》《如何学习》等。

本书借用这些经典书籍提供的原理和方法论，以备考研究生为例，做了一张思维导图供大家参考。

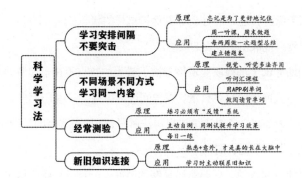

高效的学习方法固然重要，但是关于考证类书籍的学习，还有一个比学习方法更重要的因素。在这里，我卖个关子，先来看两个故事：

在不同类别的资格考试中，有资格竞争"天下第一考"的便是司法考试（法律职业资格考试）和注册会计师考试了。

在一席的学员中，有以"市状元"身份通过司法考试的肖律诗，以及从船舶制造专业跨到财会专业，并且高分通过注册会计师考试的一休先生。让我们从他们二位的"通关"过程中整理出一些值得我们借鉴的经验吧！

肖律诗的备考过程属于典型的"背水一战"，为什么这样说呢？因为他毕业后为了尽快通过司法考试，辞掉了各方面条件都不错的工作。"破釜沉舟"的行为既是勇气，但同时也是压力。那么，他为什么不一边工作一边考试呢？

他认为，一般人只要为自己留了后路，向前的动力就会不足，最后，大多数人都会去走那条后路。换句话说，他把自己逼到了"置之死地而后生"的地步——逼着自己拼命背书；每晚做梦都在分析案例；天天学习长达16个小时，并保持这样的状态长达9个月。

最终，他取得了很好的成绩。

司法考试（法律职业资格考试）最大的特点不在于理解的难度，而在于令人绝望的习题数量。我曾问过肖律诗，多达15门学科，358万字的教材，290多部法律法规司法解释，700多万字的基础阅读材料，他是怎么熬过去的？

肖律诗回答说，只要拿出足够的时间，一点一点耐心地啃下来，其实也没那么难。看一遍记不住那就看两遍，看两遍记不住那就看三遍，再难的知识点看够十遍总能记住了。要是十遍都记不住，那这个知识点基本上没人能记住，也就不必再看了。

所以，总结肖律诗的通关经验就是两个字：坚持！

而一休先生的备考故事则更加戏剧化——

一休先生备考注册会计师（CPA）并不是出于对该执业资格的热爱与向往，而是在从上海回到成都工作领第一个月薪水的时候深受打击——拿到手的工资不及之前的十分之一。

于是，他痛定思痛，立志在5年内一定要恢复到之前的待遇。他疯狂地收集该行业的相关信息，得出了这么一个结论：要实现这个目标，必须在最短的时间内完成CPA考试，同时不允许全职备战，因为从业经验才是该行业的立足根本。

从领完薪水的第二个月起，一休先生便走上了CPA的备考之路。

注册会计师考试考察的不仅是知识的深度、广度和思维能力，更是对备考人员毅力和心理素质的考验。因为专业阶段（6门课程）和综合阶段考察的内容完全不一样，并且，每门课程的通过率基本为10%~15%。也就是说，如果某人一年通过了3门课程，基本上就算是千里挑一了；如果他连续两年千里挑一，那么这个人最少需要3年时间完成CPA考试。

这样的攻坚战，一休先生是如何做到的呢？在之前的交流和分享中，他多次提到，在不能全职备战的情况下，就只能利用一切可以利用的时间学习：上下班时反向坐公交，在终点站抢占最后一排的角落；在食堂打饭排队时，瞄几眼放在裤兜里的小抄，等等。

如此日复一日，反复在大脑中重复每一个知识点，连做梦都在学习和测验，直到整本书的知识点可以完全默写出来。这样，历经4年的时间，一休先生顺利取得了CPA证书。

总结他的通关经验，也是两个字：坚持！

备考大型考试需要战略战术，规划个人职业生涯亦是如此。为了实现当初的5年之志，一休先生为自己制定了非常清晰的职业轨迹：一年的会计生涯；两年的大型会计师事务所从业经历；剩下两年时间呢，每年一个职级的晋升速度。最终，他在第6年实现了当初的目标。

曾有人问他："你的计划很完美，可硬件是否完全跟得上？"他回答："你把别人眼中的自虐当成自己的日常，也许幸福就会比你想象中来得更早些。"

成功＝坚持＋策略，而坚持，就是最好的策略。

你可能会觉得，这两位明明都是"大神"啊，感觉离我太遥远了。其实，他们的大神之路，都是从"小白"开始的。

在我的学员里面，有很多别人眼中的"学霸"：高考数学满分、英语专业八级……在深度了解之后，你会发现，这些学霸身上最大的特质，就是"努力和坚持"。

一休先生的英语基础其实非常一般，用他自己的话说，就是单词要从最基础的开始背起。但是，他在决定考研后，又拿出了自己的绝招——"努力＋坚持"，投入了大量时间和精力。

而肖律诗，入学测试的数学直接交了白卷。在职考研一年，他的工作依然极其忙碌。他说，自己大部分的课程都是在飞机上听的。他的同事告诉我，肖律师在开庭前还会在旁边的房间做卷子……

最后，在考研这个战场上，虽然一休先生和肖律诗各有劣势，但都一次就取得了成功。别人只看到了他们的好成绩，感慨着"真是学霸啊"，可真切地了解过他们的学习过程后，就会明白——这世上从来都没有随随便便的成功——以我们绝大多数人的努力程度，根本到不了比拼天赋的地步。

反之，能否坚持到底，能否不懈努力，就已足够让你从一群人中脱颖而出，成为别人眼中的"大神"了。

我非常喜欢李笑来在其作品《把时间当作朋友》中不断强调的一点——坚持——谨慎地选择方向，一旦决定要做一件事，那就坚持到出成果为止。

成功是成功之母，当你做成了一件事，别人就会相信你能够把下一件事情做好。他们会给你更多的资源支持，于是，你会真的迎来下一个成功。

所以，加油吧！

《认知天性》思维导图

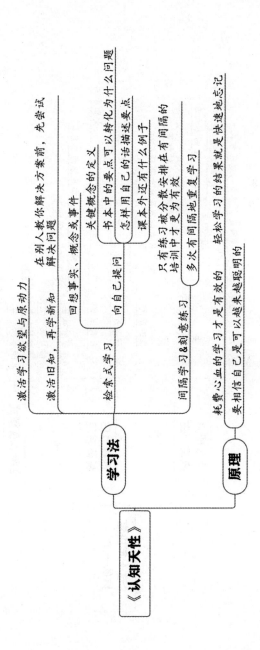

《认知天性》

学习法

- 激活学习欲望与原动力
  - 激活旧知，再学新知
    - 在别人教你解决方案前，先尝试解决问题
  - 检索式学习
    - 回想事实、概念或事件
    - 向自己提问
      - 关键概念的定义
      - 书本中的要点可以转化为什么问题
      - 怎样用自己的话描述要点
      - 课本外还有什么例子
  - 间隔学习&刻意练习
    - 多次有间隔地重复学习
      - 只有练习被分散安排在有间隔的培训中才更为有效
      - 轻松学习的结果就是快速地忘记

原理

- 耗费心血的学习才是有效的
- 要相信自己是可以越来越聪明的

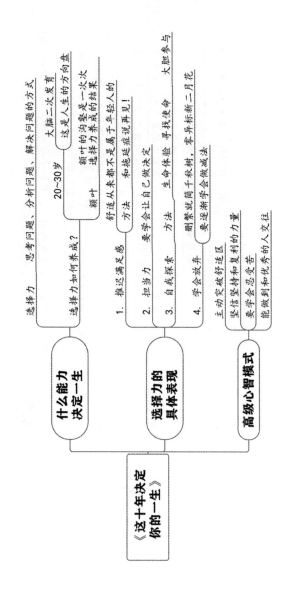

《奇特的一生》思维导图

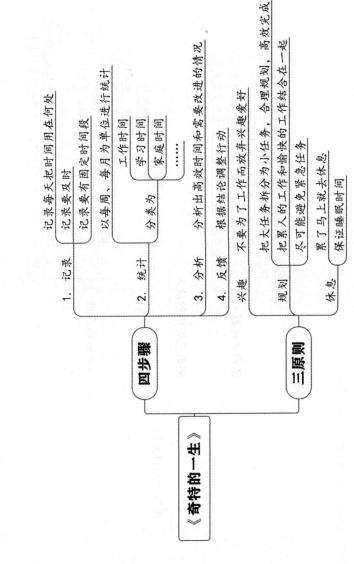

四步骤

1. 记录 —— 记录每天把时间用在何处
  - 记录要及时
  - 记录要有固定时间段

2. 统计 —— 以每周、每月为单位进行统计
  - 分类为
    - 工作时间
    - 学习时间
    - 家庭时间
    - ......

3. 分析 —— 分析出高效时间和需要改进的情况

4. 反馈 —— 根据结论调整行动

三原则

兴趣 —— 不要为了工作而放弃兴趣爱好

规划
  - 把大任务拆分为小任务，合理规划，高效完成
  - 把累人的工作和愉快的工作结合在一起
  - 尽可能避免紧急任务

休息
  - 累了马上就去休息
  - 保证睡眠时间

《奇特的一生》

《拖拉一点也无妨》思维导图

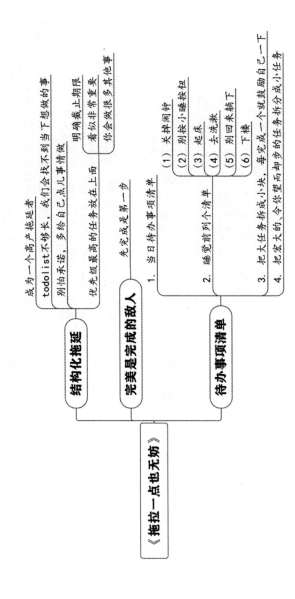

成为一个高产拖延者

todolist不够长，我们会找不到当下想做的事

别怕承诺，多给自己点儿事情做

明确截止期限

优先级最高的任务要放在上面

看似非常重要

你会做很多其他事

结构化拖延

先完成是第一步

完美是完成的敌人

1. 当日待办事项清单

2. 睡觉前列个清单

（1）关掉闹钟

（2）别按小睡按钮

（3）起床

（4）去洗漱

（5）列回来躺下

（6）下楼

3. 把大任务拆成小块，每完成一个就鼓励自己一下

4. 把发大的、令你望而却步的任务分成小任务

待办事项清单

《拖拉一点也无妨》

《定位》思维导图

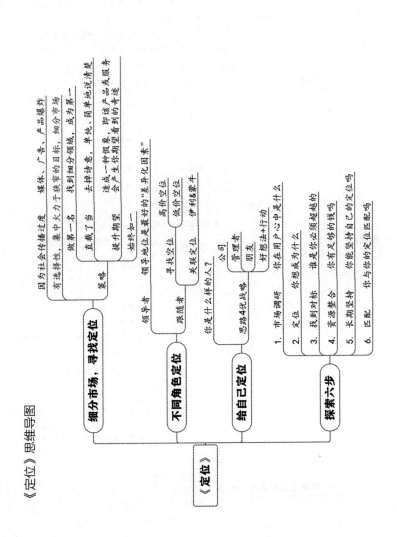

《流量池》思维导图

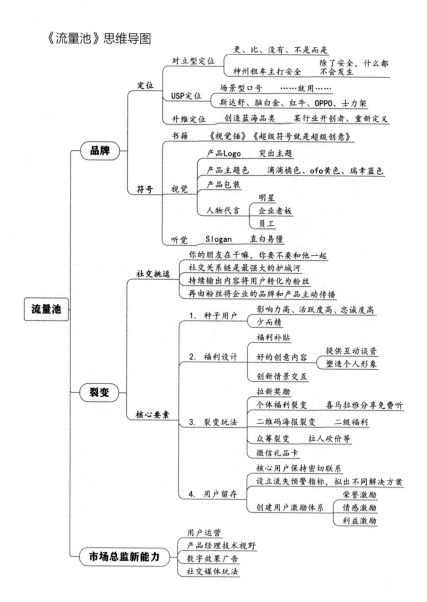

第二节　组织行动学习法

— 组织行动学习法 —

我们在前面内容中列举了个人能力养成、个人学历提升的学习法。其实，还有一种方法也能够让个人快速成长——组织学习。

特别是当这个"组织"就是你的同事们时，通过萃取组织的经验，可以帮助一个新人快速成长为熟手。那么，该如何在组织中更好地学习呢？你需要了解一下行动学习法。

自1971年英国的瑞文斯正式提出"行动学习"这一概念，它已经有几十年的发展历史了。行为学习的主要目的就是萃取企业经验。

为什么要进行经验萃取呢？因为对于大多数业务专家来说，在遇到问题时解决问题，已经成为他们下意识的动作。所以，当你询问他们成功的方法时，他们往往会直接告诉你他们的经验，却缺乏框架和相对标准化的方法论。

这个时候，我们可以用行动学习的方式，把企业内的专家们召集到一起，帮助企业萃取出可以快速、大规模复制的经验和做法，并在企业内部进行推广。

对于企业内的专家而言，这也是一次难得的梳理自己的过往经验，形成思维框架和理论结构体系的好机会。

一般来说，用行动学习的方法正式开始经验萃取前，会有一些背景、现状，甚至知识、信息之类的介绍，以之作为萃取参与者的基础。萃取结束后，会形成企业手册、员工手册、培训课程等企业经验的宝贵沉淀。

在市面上有很多专门讲解行动学习的书籍，我最欣赏用友大学校长田俊国写的《上接战略，下接绩效》。

这本书详细地讲解了拥有实践行动学习的具体方法和案例。我将这套方法引用到线下培训中，并取得了极好的效果。

行动学习，并不像传统的线下培训，需要有经验的培训师教授。它的独特之处在于，用一套工具、流程，帮助员工成为学习、培训的主角，帮助学员在现有知识结构基础上查漏补缺，变被动学习为主动学习。

在这一小节，我会梳理出行动学习的核心流程。

掌握了这套流程后，你就能变身行动学习的催化师，将其应用到自己的公司中，让自己快速成长，也能帮助组织留住宝贵的企业经验。

企业经验是企业最宝贵的知识资产，萃取的目的是为了让企业的成功经验在内部流转，不会因为专家、核心员工的离开而消失。

行动学习在国外开展得较早，效果也十分明显。一个很著名的例子就是IBM（国际商业机器公司，International Business Machines Corporation）。

20世纪90年代，IBM遭遇了困境，几乎分崩离析。这时，CEO

（首席执行官）郭士纳临危受命，仅仅用了两年的时间，就使IBM扭亏为盈。

其后的十年间，他又成功地把IBM从一家制造商变成全球最大的服务提供商。在郭士纳的诸多策略中，就有巧妙地运用行动学习来激发IBM员工活力和创造力这一项。

他将行动学习作为推动企业变革、激发团队潜能的手段，改变了原本教条死板的企业文化。

无独有偶，美国通用电气（GE）公司在采用了行动学习方式中的"群策群力""变革加速计划""领导力发展项目"等后，也获得了很大的成功。

行动学习往往是用来解决组织中存在的实际问题的，所以，它的流程也是一套问题分析与解决的流程。

— 行动学习核心流程 —

1. 澄清问题

这一步骤，要做到精准提问，此外，还要做好问题的澄清工作。

澄清问题有三个原则：聚焦、标准、范围。

要解决的是什么问题？这个问题是否客观存在？是否在某个特定条件下存在？是否是具体的？——这是聚焦。

问题解决到什么程度可以接受？——这是标准。

问题所涉及的领域是什么？涉及哪些部门？有哪些流程和制度？前提假设是什么？——这是范围。

总之，标准规定了问题的高低，范围决定了问题的宽窄，而聚焦则确定了问题的具体位置。

2. 分析问题

在这一步，要做到充分表达。

这个阶段要充分延展，让所有组织成员充分表达自己的观点。充分调动参与者，让所有参与者就所研讨的问题充分表达自己的观点——可以结合实际，也可以讲故事、列事实。

为此，行动学习的催化师要营造良好的谈话氛围。鼓励每个参与者充分表达自己的观点、看法。同时，先不考虑可行性，搁置一切争论，鼓励差异。

鼓励组织成员在所有人分享的启发下，对所研讨的话题进行补充、延伸、链接、分析，甚至是质疑、反思。

好的点子可能源自多人的观点，也可能是对某个观点的有效质疑，甚至是受某人观点的启发而产生的新的想法……

总之，这个阶段是行动学习的精华，也是行动学习质量的关键所在。

3. 归纳排序

归纳排序也是一个很重要的步骤。它要求对组织成员提出的各种问题、观点进行归类，并按照不同的内容归纳出不同的关键词。同时，依照重要程度进行排序，使得前两个步骤讨论的结果更加结构化、更加清晰可见。

4. 形成方案

最后一步——形成行动学习方案，推动问题的解决。

　　澄清问题、分析问题、归纳排序、形成方案，这四个步骤是解决问题的标准步骤，也是每次行动学习都会完成的步骤。

　　那么，具体该怎样组织一场行动学习？

　　一场成功的行动学习，需要行动学习催化师掌握多种工具和方法。比较常用的工具有：头脑风暴法、鱼骨图法、团队列名法、六顶思考帽、SMART 目标分析法等。

　　以小组的形式开展讨论的情况下，这几种工具可以交替使用。

　　例如：

　　（1）明确问题并确定目标（团队列名法）；

　　（2）深入查找原因（鱼骨图法）；

　　（3）把原因转化为目标（SMART 目标分析法）；

　　（4）讨论解决方案（六顶思考帽）；

　　（5）评估解决方案（收益实施矩阵）；

　　（6）制订行动计划（团队列名法）。

　　这些思维工具中的大部分，比如SMART 目标分析法、鱼骨图法、六顶思考帽等，我们在第一课的思维导图中已经讲解过。在本小节，我们将对在行动学习中应用较多的团队列名法做系统的讲解。

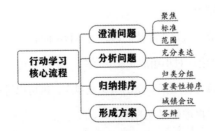

— 团队列名法 —

团队列名法是目前很多企业进行行动学习、问题研讨、找寻问题解决答案的常用方法。

团队列名法也是团队头脑风暴的一种方式，它和传统的头脑风暴最大的不同在于——它用科学的流程避免了个别人控制会议，没有办法汇聚众人智慧的情况。

团队列名法的核心要义，是同时让所有小组成员在规定的时间内独立思考，并写下自己的观点，再按照预设的程序收集观点，直到穷尽所有人的想法。

团队列名法的核心流程

1. 主持人发言，陈述并澄清议题后，小组成员进行独立准备：安静思考并记录下自己的观点。

在这个环节，一般不允许讨论——在这个过程中，需营造一个安静的环境。

2. 小组成员进行个人发言：一般是按照顺序轮流发言，每个人都有发言的机会，且一次只讲一条。其他成员可以提出自己的建议，发言人要对问题进行澄清，没有意见就越过。所有发言都可以写在或粘贴在学习画布上。

在这个环节，只负责厘清问题，而不解决问题。

3. 小组讨论：对小组成员提出的每一条意见进行讨论，可以澄清，也可以做合并。如果有新的意见或观点，也可以进行补充。梳理完所有意见后，再进行观点的整合。

4. 小组决策：所有成员根据自己认为重要和准确的程度，从全组列出的意见中选出若干条，并进行打分。把所有人的分数相加，得分最多的前几项（根据现场需求）即为集体意见。

5. 主持人宣布结果：明确下一步行动，并对研讨过程、决策过程进行回顾总结。

通过团队列名方式，做到了全员参与。而且，通过这一方式提出的所有问题，都是学员比较关注的问题，对团队开展后续行动也是一种有力的保证。

我们可以采用团队列名的方式，共同解决在企业人力资源方面遇到的核心问题。如招聘、绩效、认证、薪酬、培养、保留等。

每个小组领一个题目，并用团队列名法讨论遇到的问题与各自的解决方法。讨论完成后，每个小组分别进行汇报，其他小组可以补充、质疑。

行动学习是一整套科学的流程，本书仅介绍了它的核心内容，如果你希望成为一名优秀的行动学习催化师，不妨对这个领域进行进一步的研究。

【实战作业】

参考行动学习流程，和你的同事共同发起一场行动学习，并用思维导图输出学习成果。

第三节　学以致用

成年人如果想要实现有效学习，一般需要满足五个条件：自我导线、关联经验、强调实践、聚焦解决实际问题、内在驱动。

综合这五个条件，我们会发现，成年人有效学习最大的特点就是——**能够解决我当下面临的实际问题，我才愿意学**。

但是，你会发现，很多时候，我们学习的知识，不一定能够马上遇到好的应用场景和应用机会。比如，你有三年的工作经验，未来希望向管理层发展，所以自学了彼得·德鲁克的管理学方法论。但是，由于你现在没有下属，所以很多方法你没办法去实践，有可能学着学着觉得用处不大，于是就放弃了。

很多人学不好英语也是这个原因——自己觉得学好英语很有用，于是花大价钱报了成人英语培训班。但是，除了上课的时候，其他时间根本用不到英语，自然很难坚持下去，也就无法真正学好英语。

所以，在高效学习板块，除了学习本身外，还有一点非常重要——想方设法找机会学以致用。

你可能会说：我知道学以致用很重要，但我真不知道在哪里应用，该怎么办？

机会，是可以自己创造出来的。你要经常提醒自己，把学到的方法论真正拿来使用，并且做好充分的准备。

我们来说一说，如何在生活和职场中找到锻炼机会——

— 在生活中发现应用机会 —

比如，你想要提升表达能力——

你可以去参加线下活动。在一些一、二线城市，有很多像"头马"这样的演讲俱乐部，你可以通过它锻炼自己的演讲能力。你也可以使用从本书中学到的英雄之旅结构和黄金圈结构去设计你的发言稿，用故事思维充实你的内容。

只有将知识真正转化为你自己的行动，能力的提升才会真正开始。

在参加面试培训的学员中，有一位叫少华的学员给我留下了深刻的印象。在面试和表达方面，一般是女学员表现得相对突出，但少华无论是中文表达还是英文表达，都表现得非常出色。

我问他是怎样训练的，他告诉我，其实直到大学毕业，他的表达能力都不好。参加工作后，他深刻地认识到了表达能力的重要性。于是，他为自己设计了表达能力提升计划：阅读一系列相关书籍，并提炼出适合自己的方法论；加入头马组织，每周四进行演讲，一周中文，一周英文。

他告诉我，刚开始的时候，他一上台就脸红，但后来，他越讲越好，最后终于克服了紧张，完成了一次又一次成功的演讲。由于真的能够把学到的方法应用到实践中，并且得到反馈，看到自己不断进步，所以这个学习的过程对少华来说就变得非常有趣了。

更幸运和令人惊喜的是，他还在俱乐部里找到了自己的另一半。

如果你想提升管理能力——

哪怕你不是公司的管理者，你也可以从组织一次聚会、一次活动开始，主动承担组织者的角色——设计方案、分工、协调沟通，这都能够提升你的管理能力。

除了公司，你还可以充分参与社群活动，在社群活动中主动承担管理者的角色，将学到的管理学知识应用在实践之中。

在一席，每个班级都有班长、学习委员。其中的一位年轻学员May想要考MPACC会计管理硕士。她备考的时候正在读大四，年龄比班上90%以上备考MBA的同学都小。但她自告奋勇地承担了班上学习委员的角色。

在就职仪式上，她说："虽然我年龄小，但是我时间充裕，可以在学习上为哥哥姐姐们提供一些好的方法，节省大家的备考时间。"

事实上，她做的比她承诺的还要多：积极答疑，不吝分享，时不时还会讲一些幽默笑话，活跃班级气氛……班上的同学都非常喜欢她。

在顺利考上研究生后，她的同班同学给她提供了很多非常好的实习机会。甚至，有一位同学看中她出色的沟通、协调能力，还邀请她做自己的创业合伙人。

你看，即便只是读大四的学生，但只要有心、积极，在备考的过程中，也能够把握提升自己管理、沟通能力的机会。

再比如，你想提高自己的运营能力——

你可以认真地考虑一下，自己是否可以发起一个与自己的爱好有关的线上社群来提升自己的运营能力呢？不管是流量获取，还是活动组织，都可以锻炼你的用户理解、需求洞察和方案设计能力。

学员Nancy的工作方向是火锅餐饮供应链，但她很喜欢古风、茶艺。所以，工作之余，她经常组织和参与这一类活动。穿着汉服煮火锅，是她为自己创造的特别容易让人记住的标签——因此人称"火锅西施"。

组织社群活动时，Nancy的运营能力得到了很大的提升，对她的本职工作也有极大的帮助。

经过这些"最小可行性单元"的训练后，你可能需要更繁重的任务锻炼自己。这时候，你要主动地发起和承担这样的任务。

一 在工作中发现应用机会 一

更重要的是，你要善于在协同工作中发现机会。比如，主持一次内部会议，作为部门的代表参与跨部门的合作项目，帮忙培训新员工，等等。

你可以要求自己：在每次向领导汇报工作前，都用金字塔结构（1.简单的背景介绍，2.给出明确结论，3.说明3个理由，4.拿出有力佐证）的顺序来梳理汇报内容。

长此以往，你的表达能力一定会有明显提升。如果公司有一些内部创新性项目或者临时性的工作小组，你也可以尝试着做一些跨界整合，以创造新的机会。

我曾在一家国企担任过项目经理。当时，我已经察觉到自己对培训工作有浓厚的兴趣。所以，在听说公司正在筹建企业商学院后，我主动设计了企业商学院的筹建方案。

恰逢董事长找部分员工沟通工作，我便把方案汇报给了董事长，结果被抽调参与到公司商学院的筹建中，并在筹建过程中积累了大量培训经验和人际资源。

只要我们主动积极地行动，我们的成长诉求就有机会被上司或级别更高的领导看到。如果他们发现了你的优势和成长诉求，等类似的机会再次出现时，便很有可能最先想到你。

本章工具 & 实战

― 工　　具 ―

1. 检视阅读法

2. 分析阅读法

3. 主题阅读法

4. 高效笔记三大法则

5. 科学学习法之研究生备考应用

6. 组织行动学习核心流程

7. 团队列名核心流程

― 输出成果 ―

1. 高效读书笔记

2. 组织行动学习成果

第五课

个人战略

个人战略——努力很重要，但方向更重要

企业战略是指企业依据自身资源和实力，选择适合自己的经营领域，形成自己的核心竞争力，并通过差异化取胜。

个人战略其实与企业战略很相似——找到自己的优势，形成个人核心竞争力，并且找到适合自己的职业方向，让优势和市场需求更好地匹配。

好的个人战略，可以帮助我们发挥所长，快速进阶。打磨好自己的个人战略，有两个基本原则。

第一，立足天赋和优势

个人的天赋有时候真的差异特别大，而找到自己的优势领域，并且持续投入，更容易取得成就，获得幸福感。

哈佛积极心理学教授泰勒·本－沙哈尔在他的著作《幸福的方法》中强调，在寻找适合的、可以让我们充满激情的工作时，要使用"三圈交际法"。

三圈分别是意义圈、兴趣圈和优势圈。意义指的是你做的事让你觉得有使命感，兴趣则指的是它会让你快乐，而优势圈则告诉你，一定要注重发挥自己的优势。

第二，使用科学的方法制定个人战略

没错，个人战略的制定是有策略的。在职场中，你可能会遇到各种问题，例如，怎样才能知道自己的核心优势是什么？如何了解哪些工作适合自己？如何释放自己的能量，吸引更多的好机会？其实这些让你困扰的问题，早已有人替你系统地解决了。

美国著名职业生涯规划大师舒伯，美国波士顿大学教授帕森斯，人本心理学家罗杰斯，以及拥有近20年人力资源工作经验的人才发展专家薛毅然等，都在他们的书籍、课程中对上述问题进行过深度的剖析和讲解。

我自己就切实感受到了制定个人战略的意义所在。同时，我也用这套方法论指导了众多处于迷茫状态的学员，帮助他们找到了适合自己的职业方向。

其实，方法真的不难，重要的是你是否真正去践行这些方法。

在线下的个人战略训练营，我们会采取各种方式让同学们真正去实践这些方法。例如，设置"对赌金模式""同桌模式""打卡模式"等，并且把方法论尽可能地简化为一个个导图框架，把问答题变成填空题。每一个真正实践了这些方法的人，无一不得到巨大的收获。

如果你也想像他们一样，真正得到收获，请一定为自己制订好计划和奖惩机制，认真完成本课作业。

为了帮助你更好地践行，本章节会把好的工具和方法论梳理成思维导图模板，你只要按照导图的引导，认真思考，落地调研，输出属于自己的7张成果报告，就一定会得到满满的收获。

你职业生涯的破局点，很可能就从你完成任务的一刻正式开始。

相信我，找到优势，立足优势，匹配市场，用高效的方法持续成长，你的个人战略将会助你拥有一份擅长且热爱的工作。

《培养你的逻辑脑》最后一堂课的主题是——个人战略。

个人战略定制三部曲：

第一部：找到心仪工作

第二部：打造个人品牌

第三部：定制发展战略

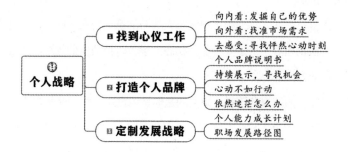

第一节　找到心仪工作

怎样才能够找到让自己怦然心动的工作呢？你需要做三件事：

首先，向内看，发掘自己的优势；

然后，向外看，找准市场需求；

最后，去感受，找到令自己怦然心动的时刻。

通过上述三件事，你可以找到一个让自己怦然心动的工作。那么具体该怎么实行呢？

首先，我们来看一看，该怎样发掘自己的优势呢？

― 向内看，发掘自己的优势 ―

在发掘优势板块，我先和大家分享一个乐高（LEGO）公司的故事。

乐高创办于丹麦，至今已有 85 年的发展历史。虽然直到现在乐高依然是一家家族企业，但乐高的业绩已经超过美国玩具巨头美泰，成长为世界上最大的玩具公司。

同大部分优秀的跨国公司一样，乐高也有它的"黄金时代"。从1979年到1993年，乐高迎来了长达 15 年的快速成长期，年均增长率高达14%——也就是说，每隔5年公司的销售额就会翻一番。

但是，黄金时代过后，乐高面临着一个巨大的挑战——

1988年，乐高集团自锁积木的专利到期，这意味着从此以后任何公司都可以生产与乐高积木兼容的塑料积木，只要不使用乐高的商标就可以。于是，众多突然崛起的低成本竞争者生产的、能够兼容乐高套装的便宜积木席卷市场。

乐高提出了法律诉讼，结果败诉。

面对巨大的挑战，乐高病急乱投医，实行激进的发展战略，疯狂地增加产品数量。1994~1998年，乐高生产的新玩具数量增加到原来的3倍，平均每年引入5个新的产品主题；又引进了各种昂贵的新生产线，比如生产婴儿玩具的PRIMO生产线、生产娃娃的SCALA生产线，还有网络大师机器人套装生产线等。

可结果却是公司的生产成本大涨，销量却没有明显改观。1998年，乐高自建立以来第一次出现亏损，损失近5000万美元。同年，乐高解雇了近1000名员工，这是公司历史上最大规模的一次裁员。

面对危机，乐高开始自救，聘请了年轻而专业的CEO克努德斯·托普——他曾在战略咨询公司麦肯锡做咨询顾问。上任后，他采取了一系列措施，概括起来就是：确定优势，聚焦聚集，渐进创新。

他简化了公司业务，将产品从1.2万个缩减到5000~6000个；确定了清晰的方向——积木。这意味着只需专注于核心资产（积木和乐高体系）、核心产品（诸如乐高城市和得宝系列）与核心客户（5~9岁儿童），核心之外的东西都不重要。

采取聚焦优势战略后，公司将节省出来的大量人力、物力和财力，都投入优势领域的持续迭代中，并围绕核心业务渐进创新。2011年，乐高年销量增长了17%，连续7次实现两位数增长，销售额达到34.9亿美元，成为全世界销量最大的玩具公司，也是利润最高的玩具公司。

对比一下，2007~2011年，乐高的竞争对手美泰和孩之宝的年平均销量增长率仅为1%和3%，而乐高集团的年销量增长达到了24%。至此，于10年前陷入危机的乐高品牌已焕然新生。

乐高的重塑之旅，其实是一个回归核心、聚焦优势、渐进创新的过程。

乐高CEO克努德斯·托普在接受访谈时说的一番话，很值得我们反思：

"如果你今天在一个小镇上开了一家披萨饼店，你的商业模式并不是全球适用的。因为当你想去另一个小镇开店时，其他人可能已经开了一家披萨饼店。既然毫无特别之处，你的店又凭什么开在那里呢？

"当我们谈到乐高公司真正的核心时，我们要找的就是这种独特性。我们要谨记公司的独特性，任何其他事情都从这一点进化而来。"

乐高公司找到了自己的优势，并且持续聚焦，升级放大优势，最终成为世界上最大的玩具公司。同理，投资人在投资企业的时候，最看重的其实也是企业的核心竞争力——它是企业独一无二的创新源泉。

企业如此，个人也是同样的道理。核心竞争力强的人，在工作中能取得更好的业绩，职业发展也会更加如鱼得水。所以，想要成为卓有成效的职场成功人士，就必须找到你的职业优势，围绕这一优势去打造自己的核心竞争力。

如果你不知道自己擅长什么，就贸然展开竞争，你将会失去大好机会，也会浪费精力！

如果把世界上所有的个人发展战略写成一本书，书的第一页写的一定是：充分发挥你的优势。

然而，环顾四周，真正能做到这点的人又有多少呢？

你要相信，每个人都有自己的天赋，我们也可以将这种天赋称为内在优势。可是，很多人从来都没有认真思考过——自己的内在优势有哪些？该怎样通过有目标的训练发挥自己的内在优势？

如果都没有经过深入的思考和探索，何谈发挥呢？

所以，个人战略制定的第一步，就是要向内看，发掘自己的优势。

发掘优势的三个方法

有哪些方法可以帮助我们找到自己的优势呢？不妨从以下三个方面入手：自我洞察、询问周围人的意见，以及职业测评工具。

我们分别来看一下每个方法的具体执行。

一 自我洞察 一

自我洞察也有两个方式：成就事件法和期待事件法。

第一：成就事件法

你可以专门找一个时间静下心来思考一下，自己都做过哪些有成就感的事儿？事情可大可小，关键是让你觉得很有成就感。范围也不必局限于职场，学校发生的、生活中发生的都可以。

好的成就事件应该有这样的特点：稀缺的能力，恰好就是你的优势；回报的结果，正好是你的内心驱动力；这样的事情也一定会让你特别有成就感。如此，这些出现在你脑海中的事件就是成就事件。

通过对成就事件进行梳理，你会发现自己的优势和天赋。

发现自己的优势后，你需要做的事情，就是有意识地重复，多做这些能够发挥自己优势的事情，以积累更多的成就事件，它们会引领你不断走向下一次成功。

那么，成就事件应该怎么梳理？可以按照背景－挑战－行动－结果的方式来思考。

举个例子：

我的学员小月，她有两个宝宝。当我邀请她分享自己的成就事件时，她还有些害羞，觉得自己没有什么成就事件。后来，在我的启发下，她分享了自己的两个成就事件：

成就事件一：

相信很多妈妈一定有过这样的经历：从怀孕到生子，再到哺乳期，会有1~2年的时间游离于职场之外。因为家里没人帮忙照看孩子，二宝从出生到上幼儿园，都是小月一个人照顾的。用她的话说，这两个孩子几乎"断送"了她的职场生涯。

作为一名名牌大学金融系毕业生，她发现自己之前引以为傲的专业技能，在全职妈妈这份工作中突然变得无用武之地了。她需要解决的问题从分析企业财务报表，变成了如何安排家庭生活，如何处理好与公婆的关系，如何教育孩子，如何保持跟丈夫的思想交流等具体事务……

　　这种从职场到家庭的转变，让她产生了强烈的心理落差，有了很大的抵触情绪。

　　但她知道，抵触和抑郁的情绪，对现状的改善没有任何好处。于是，她采取了以下措施：

　　【心态调整】她阅读了大量心理学书籍，调整自己的心态，试着把家庭事务当成意义非凡的工作，当成提升自己的情绪管理、压力管理、时间管理等能力的训练场。

　　【提升生活仪式感】她会为家里的每个人举办小型生日Party，并精心准备生日礼物，让生活充满仪式感，并且安排好节假日的活动，定期组织全家旅游。

　　【营造好的家庭氛围】她在家中营造了良好的学习环境，比如跟女儿一起看书学习、帮助女儿培养好的学习习惯及时间管理意识……同时，自己也坚持阅读和锻炼，保证精神充实和身体健康。

　　【让自己持续进步】注意与外界保持联系，及时更新知识，保持思想的进步，不与社会脱节。

　　几年下来，她把家庭事务和生活安排得井井有条，得到了家人的一致认可。孩子们跟她非常亲近；老公每天都会跟她分享工作中的事情，遇到问题时，也会征求她的意见。

　　后来，当她决定考研时，也得到了家人的大力支持。

　　而她本人也在这个过程中完成了一次蜕变。她发现，自己能够更好地管理自己的情绪，遇事也更加冷静理性，并有效利用了碎片化时间，而且更加懂得了如何平衡好个人生活和家庭生活。

成就事件二：

备考研究生这个决定虽然得到了家人的大力支持，但她毕竟要兼顾家庭，在时间安排及分配上就有更高的要求。

于是，她开始思考，怎样才能充分地利用好自己的时间。为此，她制订了一个学习计划：在孩子睡觉后，用1~2个小时看书，持续更新自己的知识库；早上4点半起床，利用家人还在睡觉的几个小时学习考试知识；利用开车、接孩子等碎片时间，听线上课堂……

最后，她取得了225分的笔试成绩，超过录取线30分，非常顺利地拿到了一所知名大学的研究生录取通知书。

通过梳理自己的成就事件，并对其进行分析，就可以找出隐藏在成就事件背后的自己所独有的优势。

小月的成就事件得到了其他同学的一致认可。我们也能够从这些成就事件中发掘出她很多优势，比如，坚毅力、抗压力、时间管理能力、沟通协调能力等。

第二：期待事件法

仔细思考一下，你会对哪些事情充满期待，并愿意为它们花费时间？哪类任务让你跃跃欲试，或者你做的时候，觉得时间过得很快呢？问自己这些问题，找出自己的期待点。想要找到让你怦然心动的工作，就要充分调动生命的力量，从中找到线索。

哪怕在一些事情上你还没有取得太大的成就，但你非常享受这一过程，这就足够了。发现这些事情，并且不断加强加深，你也会找到属于自己的外在优势。

但是，仅仅通过自我洞察就能够非常准确地找到自己优势的人毕竟是少数，而作为普通人的我们该怎么办呢？我们可以多管齐下。

第二种发掘自己优势的方法是询问周围人的意见。

— 询问周围人的意见 —

你可以询问两类人的意见，第一类是对你比较了解的领导和同事；第二类是在你关注的行业做得比较出色的人或者职业导师。对于这两类人，你的询问方式应该有所差异：

对于第一类人，你的目的是想知道他们对你的看法，所以，你可以这样问：

在以往的工作中，您觉得我哪件事情做得比较好？为什么？

您给我安排哪类工作时会比较放心？

与其他小伙伴相比，您觉得我在哪些方面表现突出？

……

以上三个问题都可以去追问细节，多问几个为什么，这样能帮你收集更多有价值的信息。

知道自己在领导眼中是什么样的人，会给你很多的启发。比如，MBA 考试中，各高校往往会要求考生找自己的领导写推荐信，因为你的领导往往是比较了解你的人。

对于第二类人，你的目的是通过他们对你陈述的深入剖析，来帮助自己发掘自己的优势。这时，你在自我洞察时梳理出的成功事件就派上用场了。

你可以这样做：

首先，你要说清楚自己的困扰，并表示希望对方能够帮忙分析自己的优势；然后，你要多向对方展示你的成就事件。现在可不是害羞的时候，请他帮你一同分析，这些成就事件表明了你可能在哪些方面比较有优势，你内心比较看重的回报是什么。如果你问的是行业专家，他同时还能告诉你，他所熟悉的行业是否能够给你提供这样的回报。

通过自我洞察和借助他人，你对自己的优势有了一定的了解。这时，你还可以借助测评工具，从科学的角度对自己做一次评判。

— 职业测评工具 —

市面上的职业测评工具有很多，例如MBTI（迈尔斯布里格斯类型指标）测评、盖洛普优势识别器、霍兰德职业兴趣测试等。我整理了思维导图，你可以从中选择自己感兴趣的测评工具。

很多测评工具不仅可以帮你找到自己的优势，还会对你的优势进行分析，并列出一系列可能会适合你的职业。

以MBTI为例，我来介绍一下这些测评可能会带给你怎样的启发。

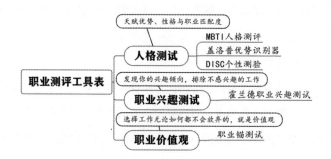

MBTI是基于人格特质的测评报告。

它是这样解释人格的："心理学家把人的特殊的、稳定的个性品质称为人格特质，指一个人在一定情况下所做行为反应的特质。即人们在生活、工作中独特的行为表现，包括思考方式、决策方式等。其实，我们每天都在用'特质'的概念谈论熟人或朋友。比如，你说你的一个朋友善于交际，做事有条理；我说我的姐姐是个腼腆、敏感但极有创造力的人。我们说的这些就是人格特质，是人们在大多数情境下表现出来的稳定的特点，是从观察到的行为中推论出来的。

"同时，我们经常使用特质预测未来行为。例如，你看到你的朋友总是与他人'自来熟'，不论在超市里还是在 Party（派对）上，与陌生人一谈就说得热热闹闹。由此，你可以推断出他具有'善于交际'的特点。然后，你可能会以此为依据，预测他将来在工作中也是个爱交际的人。"

人格特质综合了先天气质和后天养成的性格，通常会非常稳定。

20岁之后，一个人的人格就很难再改变了。

MBTI人格模型综合了瑞士精神分析学家荣格和美国心理学家凯瑟琳·库克·布里格斯的理论，把人格分为了四个维度，每个维度有两个方向，共计八个方面，即共有八种人格特点。

四个维度分别是：

- 我们的能量来源：外向Extraversion(E)，内向Introversion(I)
- 我们获取信息的主要方式：感觉Sensing(S)，直觉Intuition(N)
- 我们的决策方式：思考Thinking(T)，情感Feeling(F)
- 我们的做事方式：判断Judging(J)，知觉Perceiving(P)

以上四个维度，每个人都会有自己的倾向性：

能量来源倾向外向的人会关注自己如何影响外部环境：将心理能量和注意力聚集于外部世界和与他人的交往上；倾向内向的人更注重内心体验，会避免成为人们关注的中心。

获取信息的方式倾向感觉的人会关注由感觉器官获取的具体信息：看到的、听到的、闻到的、尝到的、触摸到的事物；会关注细节，喜欢描述、使用和琢磨已知的技能。而倾向直觉的人会更加关注事物的整体和发展变化趋势，如灵感、预测、暗示，重视推理，喜欢学习新技能，但容易厌倦。

决策方式倾向思考的人重视事物之间的逻辑关系，喜欢通过客观分析做出自己的评价，比较理智、客观、公正；而倾向情感的人以自己和他人的感受为重，将价值观作为判定标准，有同情心，善良，善解人意。

做事方式倾向判断的人喜欢做计划，更愿意管理和控制他人，希望生活井然有序；而倾向知觉的人更加灵活，会试图理解、适应环境，倾向于留有余地，喜欢宽松自由的生活方式。

在现实生活中，各个维度的两个方面你都会用到，只是其中的一个方面你用得更频繁、更舒适。

将这四个倾向进行组合，一共可以组成16种大的人格类型，你更倾向的那一种就形成了你的人格类型。

MBTI可以帮助你了解和分析最真实的自己，协助你迈出职业定位和职业规划的第一步，从人格类型的角度描述了适合你的岗位的特质。

人格无优劣，它会基于结果告诉你所具有的优势和可能的劣势，推断适合你的职业和工作环境，为你的职业发展提供建议。

完成一套完整的MBTI测评大概需要2~3小时。虽然时间比较长，但结果很具参考性。

以我的测评结果为例，感受一下MBTI的报告内容。

我的结果是ENFJ（外倾、直觉、情感和判断）——公共关系专家，亦被称为教导型。

MBTI报告告诉我，我的人格特质是：

你精力旺盛，热情洋溢，会把注意力放在帮助他人、鼓励他人进步上。你是催化剂，能激发他人的最佳状态。

你容易看出他人的发展潜力，并会倾力帮助他人发挥自己的潜力，是体贴的助人为乐者。你愿意组织大家参与活动，使大家都感到愉快。

你是理想主义者，非常看重自己的价值，对自己尊重的人、事业和公司都非常忠诚。若能帮助他人，你会感到深受鼓舞。

你对现实以外的可能性，以及对他人的影响非常感兴趣，容易看出他人的发展潜力和最大的优点，能发现别人看不到的意义和联系，并感到自己与万物息息相关，可以井然有序地安排生活和工作。

受到这样全面的表扬，真的是一件挺让人开心的事，不是吗？

我把这个报告推荐给我的学员，很多人测试后跟我说，从来没有人这样认真详细地描述过自己的优点，就像是打开了另一扇门。

当然，MBTI也会告诉你，你的性格特质可能存在的盲点，就比如我：

你总是避免冲突，有时会不够诚实和公平。试着更多地去关注事情，而不只是人，这将更有利于你合理地做出决定。

你有很高的热情，急于迎接新的挑战，有时会做出错误的假设或过于草率的决定。建议你对计划中的细节多加注意，等获取足够多的信息之后再做决策。

你总想得到表扬，希望自己的才能和贡献得到赏识。你对于批评非常敏感，容易陷入忧虑，容易丧失信心……

根据我的个人特质，MBTI报告会总结出我在工作中可能具备的优势有哪些：

优秀的交流及表达能力、天生的领导才能及凝聚力，以及较强的寻求合作的能力。

渴望推陈出新，鞭策自己做出成绩，对自己所信仰的事业尽职尽责……

同时，MBTI报告还会告诉我可能存在的劣势，帮助我"注意"

到它们，并思考它们产生的原因。

知道自身存在的问题，是改变、提高自我的过程中很重要的一步，接下来，我就需要逐步解决它们：

不愿干与自己价值观相冲突的事。

很难在竞争强、气氛紧张的环境下工作。

对那些没效率或死脑筋的人没有耐心。

逃避矛盾冲突，易于疏忽不愉快的事。

在没有收集到足够的证据之前会仓促地做决定。

不愿训诫下属……

接下来，MBTI报告会从发挥优势、规避劣势的角度，总结出我所喜欢的岗位特质：

能让我与我的同事、客户、主顾建立并维持亲密、互助的人际关系。

允许我创造性地解决我所负责的项目中出现的问题，同时，我的努力能让我有所回报。

我的工作环境是积极且富有挑战性的，而且在工作中，我有权同时操纵多个项目。

在工作中，我能充分发挥我的组织和决策能力，对我负责的项目有自主权，并对其承担一定责任。

我的工作变化性很强，且允许我有时间对它有条不紊地进行规划。这让我有机会接触新观念，并允许我探究一些新方法，从而帮助别人生活得更美好……

做这份测评的时候，我刚毕业。在分析过报告后，我知道了自己的优劣势及更擅长什么工作。我依据报告找到了自己热爱的工作，并任职到现在。

我对自己工作的职业满意度非常高，可以说每天都像打了鸡血一样。

接下来，报告会更加具象地提供一些岗位供你参考。

例如，它向我推荐了以下工作岗位：

人力资源开发/培训/招聘人员、小企业经理、作家/记者、教师、社会工作者、志愿者、非营利机构负责人、就业指导顾问、职业咨询师、ERP（企业资源管理计划）咨询顾问、财务咨询顾问等一系列岗位。

我现在的身份是教育行业的"斜杠青年"——企业培训师/教育机构创始人/五堂课公益俱乐部发起者。全部都在报告推荐的岗位范围内。

同时，报告还会分析适合你的工作环境，最终给出适合个人发展建议。比如：

需要防止盲目的信任和赞同。

需要有成效地管理冲突。

需要像关注人一样关注任务的细节。

需要仔细倾听外界的反馈信息。

这四条建议看似简单，但对我意义重大。事实上，在之后的职场生涯中，我几乎遇到的所有"坑"都是源于没有遵循其中的某一条建议。而有意识地关注这些建议，也真的让我少走了不少弯路。

完整地展示过MBTI测评报告后，你是不是也心动了呢？事实上，认真地通过各种方式对自己进行自我洞察，是一件"磨刀不误砍柴工"的事情。

如果你还想更加准确地解读测评报告，不妨请教一下专门的测评顾问或者职业生涯规划师，他们会结合市场需求和你的个人情况，帮你进一步缩小职业范围。

— 如何面对自己的短板 —

职业测评不仅会指出我们的优势，也会指出我们的短板。

这时候，我们该怎么办呢？

依然是——立足优势。如果某个岗位需要的重要能力恰好是你的短板，你就应该把它排除。于你而言，重要的是发展和发挥自己的优势。

你可能会问："不是有个'木桶原理'说，一定不能有明显的短板吗？"其实，木桶原理更多的是对组织来说的，而在这个高度协同、专业化分工越来越细的时代，只要你的优势足够突出，自然能够找到合适的人帮你补上短板。

"长板原理"才是互联网时代每个人要关注的事情。回到个体本身，对个人而言，最重要的是发现自己的优势，盯紧自己的优势，并持续地发挥自己的优势。

话说回来，如果一项工作能充分发挥你的优势，你也很喜欢它，但有些细节是你的短板，该怎么办呢？你真的没有必要被短板吓跑，因为事实上，所有能力都可以通过训练得到提升。

比如，你是一名非常优秀的销售人员，很擅长表达，但是不擅长看数字和报表。这时候，如果你想晋升为销售经理，企业其实会对你进行领导力相关培训。

在这项培训中，一个重要的培训内容就是如何方便快速地从销售数据中找到问题，发现机会。学会这一点后，你自然也就知道如何看报表了。

当然，成为销售经理的前提依然是你是一个非常优秀的销售人员，并且你出众的表达能力能够辅导更多人成为优秀的销售员——这才是你最大的优势。

所以，你需要找到优势，聚焦聚集，持续提升自我。

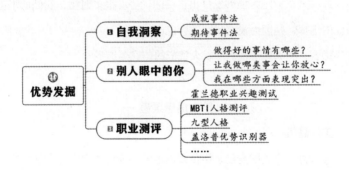

【实战作业】

执行自我洞察的三个方法，梳理自己的优势，制作个人优势报告书。

― 优势报告书思维导图模板 ―

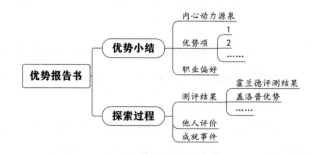

― 向外看，找准市场需求 ―

在写让自己怦然心动的职业清单时，我们可能会有一个困扰——不知道哪些职业刚好能够发挥出自己的优势。很多时候，我们做不出更优的选择，是因为没有找到适合自己的工作。

那么，有哪些途径能够扩大我们的信息渠道呢？

― 扩大信息渠道 ―

关注趋势

要衡量一个人的身价，不仅要看他的个人能力有多强，还要看他所处的行业。所以，找到合适工作的一个很好的方式，就是先把目光集中在飞速发展的行业上，看一下自己是否匹配这些行业所需要的人才特质。

怎样才能看清行业趋势呢？主要有三种方法：

第一，行业的垂直媒体。

第二，各大投资公司行业调研报告。

第三，大公司的财报。大公司的战略方向和个人战略方向往往是高度契合的，你可以从中看出行业发展的趋势。

通过综合评估，找到1~2个你想要从事的目标行业，深度研究行业发展趋势。

利用好招聘网站

招聘网站上有大量的信息源，通过搜索你感兴趣的公司，查看相应的岗位要求，你就能够知道自己的优势可以匹配哪些岗位，以及自身还有哪些地方需要提升。

我在做个人战略探索的时候，请公司的HR帮忙下载了一系列企业培训师的简历。从其他人的简历中，我获得了很多启发：很多求职者会在简历中充分说明自身的优势。

人也是重要信息源

对于感兴趣的领域，你最好能有相关的人际资源，最好是行业内的资深人士，因为他们往往能够给你提供很多有效信息。

如果没有，你可以尝试建立这样的关系。还记得我说请HR帮忙下载简历的事情吗？我看了几十份简历，选择了我最欣赏的一个人，并主动加了他的微信，非常诚恳地向他请教。现在，我们成了很好的朋友。在我的职业发展中，他给了我很多帮助。

只要你用心去寻找，就会发现，信息渠道其实有很多。通过对优势进行分析和对行业进行调研，你就可以生成"怦然心动职业清单"1.0版本（建议列出6~8个你感兴趣的职业）。

职业调研

好的，你手中已经有了一份职业清单了，接下来的这一步非常重要——职业调研。

找一份心仪的工作，很像找一个喜欢的人结婚。你现在只是在茫茫人海中锁定几个看上去蛮吸引你的对象。因为你没办法同时追求选定的其他人，所以到底去追谁，还需要做一番调研——这时，你需要看看对方的"素颜"。

很多时候，你对一个行业或岗位的认知跟真实的情况是有偏差的，在调研的过程中，你也可能会发现其他的可能性。

调研的另一个目的是明确你跟你的目标岗位之间的差距到底是什么，然后想办法缩小这个差距，有针对性地弥补相关经验。

如何做好职业调研？你可以浏览一下与这一行业有关的各种报道，或者听一听该行业"大佬"的公开演讲。但是，你要知道，线上的信息往往是信息发布者希望你看到的。

如果你能够找到这个岗位或者行业里的人做一场职业访谈，听一听他们的说法，那么你就能够获得更全面、更客观、更有价值的信息。

做职业访谈时不知道问什么吗？

很简单，请看下面这8个问题——我把它们称为"职业访谈八问"。

1. 在这个岗位，典型的一天是如何度过的？

2. 主要的工作内容是什么？KPI（关键绩效指标）如何考核？

3. 在这个岗位上做得比较好的人，通常具备哪些能力？

4. 这个岗位的薪酬构成是怎样的？各层级对应的年薪分别是多少？

5. 主要与哪些人打交道？打交道的方式是什么样的？是见面沟通，还是以电话邮件为主？

6. 工作中的成就感主要源于什么？

7. 岗位上升通道如何？未来的发展空间在哪里？

8. 这个岗位最难忍受的事情是什么？

通过这8个问题，我们基本能够较深度地了解这个岗位。

还有，你最好多问几个人。因为不同的人由于个人特质不同，对同一个岗位的看法也会有偏差。多问几个人，综合他们的意见，才能得到比较靠谱的答案。

通过职业调研，你会惊讶地发现，即使是原来让你怦然心动的工作，其背后也有很多现实的问题。你可以删除掉那些不适合自己的选项，留下1~2个，真正在实践中考察。

【实战作业】

进行职业调研，完成职业调研报告；根据调研结果制定令自己怦然心动的职业清单。

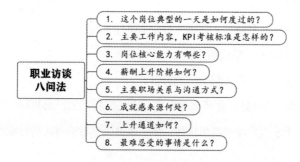

职业访谈八问法

1. 这个岗位典型的一天是如何度过的？
2. 主要工作内容，KPI考核标准是怎样的？
3. 岗位核心能力有哪些？
4. 薪酬上升阶梯如何？
5. 主要职场关系与沟通方式？
6. 成就感来源何处？
7. 上升通道如何？
8. 最难忍受的事情是什么？

第二节 打造个人品牌

— 个人品牌说明 —

找到了令自己怦然心动的工作，又或者你很幸运，现在从事的工作就是你喜欢并且擅长的，那么，接下来，你可以为自己打造一个个人品牌说明，让这份说明帮你整合更多的资源，带来更多的机会。

当然，在制定的时候，你会发现，对于理想的个人品牌说明，你好像还有很多"查漏补缺"的工作要做。这样，你未来几年重点提升的方向也就找到了。

个人品牌说明书应该包含两个部分——MTV自我介绍和优质的个人简历。

MTV自我介绍，即能够在最短的时间内让别人了解你的价值。MTV分别指的是：

M-Me：我是谁，在哪个行业从事什么职位。

T-Thing：成就事件。

V-Value：我能够提供的价值。

在Me的部分，介绍你的名字，以及你所在的行业和职位。如果你正处于求职阶段或者想转行，那么就说说你希望进入的行业和职位是什么。

T-Thing，成就事件。分享1~3个成就事件，这个部分的目的是通过实际案例展示出你的优势。这个成就事件最好能够和你的工作息息相关。

当然，如果你的工作经验很少或还没找到工作，也可以分享一些学校里或者生活中的成就事件。但是要注意，一定要列举能够表现出你未来可能具备某方面的独特性和竞争优势潜力的成就事件。我们在第一节讲解过成就事件的梳理方式，在这里就能够派上用场了。

但这里的成就事件不需要说得过于详细，只要简单地介绍背景+结果即可。

V-Value的部分，目的是"留钩子"，也就是让别人在某些特定的情况下能够想到你，为自己创造更多的链接和可能性。你要清晰地表述出你能帮人解决什么问题，提供什么价值，潜在用户如何能快速找到你。

如果你正在求职，就可以说：我对这个行业或职业很感兴趣，如果有实习、兼职或者好的工作机会，请告诉我。

我们来看一看两个对比案例，你觉得哪一个更能吸引你呢?

其一：大家好，我是来自某人力资源公司的售后主管，目前带领着一个由8人组成的团队，为1000余家企业提供服务。

我的日常工作是管理团队人员，带领员工完成工作指标。工作之余，我喜欢看书、旅游，希望以后有机会一起看书、旅游!

其二：大家好，我是来自头部招聘平台××公司的招聘服务部主管，目前带领着由8人组成的团队，为西南地区1000余家客户提供服务，累计给各大企业输送了1000多位人才。

在职期间，我修改了全国300余名招聘顾问的绩效考核标准，建立了部门50人的培训体系，还培养了一名新的部门leader（管理者）。因为我接触人力资源行业多年，所以大家如果在简历编写、面试辅导、求职咨询、职业规划等方面有疑问，可以咨询我。

在撰写MTV自我介绍时，有一点要特别注意——"标签意识"。也就是说，呈现的内容要相对聚焦，内容之间最好能有关联，要清晰地展示出你的特色。如果内容太多、太散，反而不能给人留下深刻的印象。

在我们周围，有太多优秀的伙伴，但当我们第一时间想到他们时，往往会只记住一两个标签，而且，这种标签也会不断地被我们强化。

比如，我曾介绍过一位喜欢汉服、茶艺的做火锅供应链的女生，她为自己打造的标签就是"火锅西施"；再比如，我曾提到喜欢定目标的肖律诗，由于他在诗词文学领域有一定造诣，所以他的微信名就是"肖律诗"。"律诗"两字既是"律师"的谐音——可以体现他的职业，又是格律诗的一种体裁——体现了他的内涵。

这两个小例子都属于比较成功的个人标签。

包括我自己，虽然我主讲的课程有很多，但每次做自我介绍的时候，我都会说："我是主讲思维导图系列课程的职业培训师。"这样，别人一想到思维导图，就会想到我——这比罗列十几堂培训课程清单的效果要好得多。

信息化时代为我们提供了很多便利，使我们每个人都有机会被别人认识，但要想被别人记住，就需要我们亮出自己的标签了。所以，做MTV设计时，一定要认真地思考，自己的标签是什么。

此外，MTV自我介绍也不是一成不变的，相反，它可以根据场景和听众的变化而选择不同的成就事件和优势展示面，并随着自己的成长持续迭代。

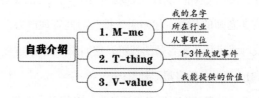

有了一个好的MTV自我介绍，我们还需要为自己准备一份优质简历（电子版/彩色，方便微信、邮箱发送）——记得在简历里配上一张个人商务人像照，这会为简历大大加分！

拥有准备充分的MTV自我介绍和一份优质简历后，无论是在线上还是线下的交流活动中，我们都可以游刃有余地进行个人的品牌说明。

【实战作业】

准备个人MTV自我介绍及一份优质简历。

― 持续展示，寻找机会 ―

正所谓"酒香也怕巷子深"，你要想办法让别人看到你的MTV自我介绍和优质简历，让机会主动找到你。

除了在工作中主动积极地展示出自己的独特性和优势外，我们还可以充分利用线上线下社群的力量。

趁着年轻，主动积极地参与社群交流。要知道，与同类人相处，会给你带来幸福感。

如今，各类线上社群有很多。例如，你如果想要学习PPT或写作，可以参加秋叶大叔的社群；你如果想学习职业生涯规划，可以加入新精英古典老师的社群；你如果想提升时间管理能力，可以去喜马拉雅寻找叶武斌和张萌老师的社群；你如果想健身，"瘦成一道闪电"，可以加入王潇的健身塑形社群……

只要有心，你可以找到很多优质社群。以结果为导向，才能真正掌握一门技能。

在学习的同时，你还可以有计划地记录自己的学习轨迹，发布当下的学习收获、思考与洞察，以及学习之后实践的感悟。

你会发现，社群中会有越来越多的人看到你的信息，并逐渐熟悉你的信息。尽管只是线上交流，你也会产生更多亲切感和信任感，更多的信息和资源也会悄然而至。

作为企业培训师，我的很多课程就是这样通过线上分享链接到的。先给出一个MTV自我介绍，让别人产生基本印象。而每次课程结束后，我都会用思维导图总结课程要点。很多人在真切地感受到思维导图的优势后，都会主动邀请我去他们的公司讲课。

对于线上的分享，我一向很积极，因为推广好的工具和方法论本身就是一件很让我享受的事。

对于实战类的课程，线下的效果确实会更好一些。所以，那些有着更多资源的学员会主动帮我链接到线下的企业、政府部门和学校。

除了线上社群，我也会推荐你加入1~2个线下社群，同时参与到线下社群的交流中。线下最大的优势在于资源和人际关系的搭建，而且，由于大家都在同一个城市，提供的信息会更加接地气。

我们的学员David（大卫），一直很想寻求职业转型。他虽然也在线上系统地学习了相关的知识，但他是在参加线下训练营后才真正发生蜕变的。

当他说自己想要从事与咨询相关的工作时，恰好遇到俱乐部的另一名成员中正在招募咨询助理。中正本身就是一位资深咨询师，因为同在一个俱乐部的缘故，很快就为David提供了实习机会，帮助他实现了转行的第一步。

在社群里，非常重要的一点就是，懂得展示自己，让别人了解你。这样，当别人见到与你的诉求相关的信息时，就会主动分享给你。用好MTV自我介绍法，就能够很容易地做到这一点。

另外，在参与社群活动时，不断地输出自我价值，也是很好地展示自己的方式。比如，每次参加完活动后，画一张核心内容的思维导图。

学员小培因为工作的关系，经常参加各类线下活动和会议。在学习了思维导图课程后，在每次会议结束后，她都会画一张会议核心内容图。

因为她画的导图逻辑清晰、要点明确，得到了大家的一致肯定。而活动的主讲嘉宾，也会很开心有人如此用心地记录自己的分享，因而会与她建立更深度的链接——这就是输出的力量。

看完这本书后，你也可以在参加完活动后画一张思维导图，说不定会有意想不到的惊喜呢！

— 心动不如行动 —

做调研、测评、访谈，参加各种活动，这些都属于"知"的阶段，要想真正拥有一份让自己怦然心动的工作，必须知行合一，亲自感受和尝试。

幸运的是，大学毕业前，你可能还不需要做重大抉择，只需要训练自己的选择能力；不必成就自己，只需尽可能地开发自己。

而当你真正参加工作时，可能才会发现，你所从事的工作与你想象的完全不一样，但那又怎样呢？

每一次纠结，都是一次认识自己的机会；

每一次挫折，都是一次内心努力的呈现；

每一次烦恼，都是试图叩开心扉的声音！

只有经过这些尝试之后，你才能真正知道自己到底擅长什么，热爱什么。停止观望吧，你看，早有人在你感兴趣的领域摸爬滚打了，此时不去尝试，更待何时呢？

即便是同样的职位，在不同公司，其情况也会有所不同。所以，当你决定进入某家公司，担任某项职位时，要针对这家公司做一个评估：这真的是一个好工作吗？

对于职场新人而言，"好工作"的衡量标准主要有两点：

第一，你的同事大部分都比你厉害，而且大多数人随着从业时间的增长，会积累出新人难以企及的人际关系和资源。

第二，你在这个岗位会遇到有挑战性的任务，它能提升你的能力，帮你积累资源，助力你在下个阶段持续成长。

选择工作时一定要目光长远，立足未来。公司可能会倒闭，行业总有起落，但我们在工作中获得的能力、积累的资源，都是我们自己的。所以，当我们有机会选择时，一定要谨慎评估：这是否是一个"好工作"？

如果确定这份工作能够发挥你的优势，行业未来也有发展潜力，那么，就大胆地去尝试吧。

我特别喜欢《这十年决定你的一生》中的这段话：

人生本身就没有百分之百的舒适和稳定，既然任何一条路上都难免有意外等着自己，那么不如选择一条自己真正热爱的。就算走不好又怎样，起码在遭遇挫折时，还能从牙缝中狠狠挤出一句："我心甘情愿。"

怎样才能找到最适合自己的工作呢？除了大家都知道的投递简历，参加线下招聘会外，其实还有很多方法。

古典在畅销书《拆掉思维里的墙》中，也介绍了除招聘会外的其他求职方法，你可以借鉴、参考。

下面，是我做的一张思维导图。

不用参加招聘会也能入职的方法

其实，还有一种风险更小的方式可以尝试，那就是实习或兼职。
这其实是用风险和成本更小的方式一步步迈向自己喜欢的工作。

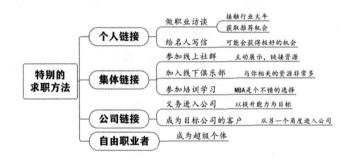

— 依然迷茫怎么办 —

当然，我们不能排除这样一种可能：即使做了自我洞察、职业调
研等一系列工作，依然很迷茫，不太确定自己到底喜欢什么，或者自
己所在的城市到底有什么适合自己的工作。因为，毕竟行业、公司、
岗位太多了，而能选择的只有一个。

如果你处于这种情况，还有一个很好的方法，就是"行动探索
法"。行动探索法是我自己命名的一个方法，适合那些对自己的未来
职业发展方向很迷茫的人。

行动探索法的特点是：先行动，做了再说，小步快跑，不断迭
代。在行动的过程中开阔视野，提升能力，你会越来越明确自己想要

从事的工作。

我的一位同学范范，就是这个方法的受益者。

2011年，我研究生毕业后，进入了一家全球知名的台湾企业。我当时很兴奋，因为我既可以留在成都工作，也可以拿到一份自己相对满意的薪水。而且，公司很关心新员工，包裹邮寄、身体检查、员工生活等都会有人过问。

但全球竞争愈加激烈，国内企业崛起的速度远超想象。同期，IT行业本身也在不断发生革命，互联网时代、移动互联网时代快速迭代。这个时候，我所在企业的劣势就慢慢凸显出来了，比如总部对决策严格把控、对变化的市场不敏感、缺乏足够的创新思维等，导致企业的市场竞争力逐渐降低。

同时，一些工作或流程上的"恶性循环"也开始慢慢出现，比如员工的工作越来越单一、无效加班时间越来越多等。

那时候，我经常会思考：自己的职场发展何去何从？选择已经越来越有限，到底该如何进行突破？

在困惑期和迷茫期，没有指引者告诉我该如何选择。我迷迷糊糊地投递了一些简历，但终因业务涉及不够广泛而没了下文。面对这种结果，我只好无奈地告诉自己："那行吧，索性去学点什么东西吧，兴许会有一些方向呢！"

在网上搜寻了数日攻略，最后，我决定报考MBA。"功夫不负有心人"，经过一年的奋战，我成功拿到了录取通知书。在上课的过程中，我接触到了各行各业的小伙伴。在与他们交流时，我发现大家身上存在很多共性，比如大家都有多年行业工作经验，多少都有一些成长困惑，都很有正能量和积极性等。

一个偶然的机会，我拉着几位同学创建了"一杯饮"深度分享公益社群，专注于职场和行业的深度线下交流，希望可以通过交流解决大家共同的疑惑。

在运营"一杯饮"时，我得到了很多专业的个人成长建议。一些专业的猎头和HR在分析了我的具体情况后，建议我转型做售前工作，或进入人工智能（AI）行业。

同时，在社群的工作中，由于我要承担大量的活动运营、商务合作、品牌推广、项目跟踪等工作，而这种工作内容是我所在的公司和岗位接触不到的。所以，这些能力的锻炼，让我得到了极大的提升，思维和认知也都发生了非常大的变化。

走出行业和岗位的"围城"，我们可以清晰地发现，很多伙伴长时间陷在自己的小圈子里，对外界的了解和认知有限，甚至存在错误的观念。

很多伙伴期望公司或行业能告诉自己该做什么，该选择什么方向，但又不可得。的确，希望所在的技术公司去培养技术以外的相关能力是不现实的，这需要我们自己做规划和探索。

一年后，我进入了一家人工智能独角兽公司。我参加该公司的面试时，面试官的话让我永生难忘："你有比较丰富的技术背景，却没有相关的售前工作背景。但你的公益社群经验和行业广度，已经完全超越了售前岗位的需求。所以，恭喜你，你通过了面试。"

我觉得，人的成长就像大树主干一样，是由无数分支构成的，有的分支叫学习，有的分支叫健康，有的分支叫财富，有的分支叫公益……

如果你还处于迷茫期，不如开拓一些新的分支，去行动，去探索。在行动中感受，在行动中成长，只要持续行动，好的机会总会不期而遇。

从迷茫到找到方向，可能需要几年的时间，但只要我们持续行动，就一定会遇到属于自己的心动时刻。

更何况，遇到职业迷茫本就是很正常的事情。几年前，我在新精英公众号上看到过一篇关于迷茫的文章，让我深受启发。

接下来，我把它分享给大家：

我们看到，有两类人很少感到迷茫，甚至从来不迷茫。一类是始终有一个高远的目标，而这个目标又不太容易达到的人。于是，他们总在持续不断地向着那个目标迈进；还有一类人，他们没有什么想法，也没有什么欲求，随波逐流，就不会迷茫了。

所以，如果你迷茫了，恭喜你！至少说明你不想随波逐流，你想过更积极、更有意义的人生，所以你开始思考了。但是，你暂时还没找到方法，所以会焦虑。

如果你感觉到自己迷茫了，这是一件好事情。这个时候，你不妨向范范同学学习，先行动了再说——学习、培训、实习……

祝你早日找到让自己怦然心动的工作，并且把它变成自己擅长且热爱的终身事业。

第三节　定制发展战略

成功找到让自己怦然心动的工作，就实现了个人战略的第一步。接下来，我们要做的是怎样在这份让自己心动的工作中持续地发展、进阶。

― 职场通用能力库 ―

除了根据职场发展路径图思考进阶方式，你还可以从职场通用能力库的角度构建自己的能力系统。

关于职场通用能力库，我们在前文中提到过薛毅然老师提供的模型：

它从通用能力库角度，把职场进阶必备的通用能力分成了四个维度——自我管理、人际交往、思维决策和领导团队。在每个维度之下，又有不同的能力区分。比如，同样是人际交往，但是也会分为沟通表达、关系建立、说服谈判、组织协调等。

接下来，我们来说一下这四个维度分别有哪些应重点培养的能力。

自我管理

其实，我在前文中讲解的时间管理，就属于自我管理的范畴。我还在前面讲解了如何进行目标管理，怎样确定自己的目标，以及如何通过三张计划清单实现目标。

除了目标管理和时间管理，我们还应该学习一堂课——情绪管理，特别是在职业晋升的高压期，好的情绪管理能够帮助我们应对压力，成为我们的"能力补给站"。

很多时候，效率低下，甚至产生拖延症，不仅是时间管理出了问题，还有可能是我们的情绪出了状况。

同时，如果你学会了怎样为自己赋能，找到能够激发自己持续成长的动力机制，你就会发现，自己的精力状态和情绪状态都会变得更好。

自我赋能，用更加通俗的语言讲，就是"找到自己的使命"。仔细观察后，你会发现，那些有使命感的人总是显得精力充沛，能量满满。

怎样找到自己的使命呢？古典老师的一段话让我深受启发：

你会发现，个人长久的驱动力和使命往往来自他当年曾经掉过的一个坑。某些东西拯救了他，他希望拿着当年拯救自己的东西再拯救这个世界一次。

很多在教育行业做得好的人，都是真真切切曾经被教育改变过命运的人。这种改变并不一定是往好的改，也会有人因为当年传统教育把自己彻底坑了，所以他回来重新决定改变教育。

自我管理是一个有机系统，随着学习的不断深入，你对自己也会愈发了解，同时让自己保持好的状态。

人际交往

在人际交往中，沟通与表达是最重要的能力。

罗振宇说过："未来，每个行业的红利都将向擅于表达者倾斜。"

的确，在实际工作中，不擅长沟通表达者在职业晋升中特别吃亏。好在能力都是可以通过有效的刻意训练提升的，而本书第二课讲解的就是公众表达。

思维决策

我们在本书的第一节就深度阐述过思维决策能力的重要性。思维导图是训练思维决策能力的好工具，但是要培养出色的思维力，还要在这一领域进行深度学习。

领导团队

如果你的发展方向是成长为管理型人才，那么你还需要提升领导团队的能力。领导团队的核心是知人善任和整合资源，就是把合适的人放在合适的位置上，并为团队整合内外部资源，引领大家达成团队绩效目标。

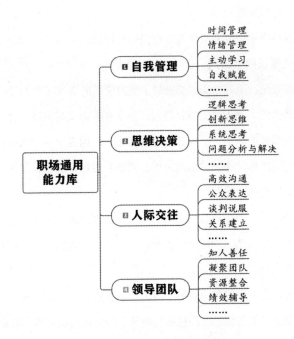

制定你的专属能力库

了解清楚职场通用能力库后，你可能会有困扰："大学毕业后，我怎么还有这么多课程要学？"

本来，职场进阶就是一个"打怪升级"的过程，面对越来越厉害的"怪"，你确实需要不断地点满自己的"技能点"。

不过，我们并不需要学习所有职场通用能力库中的课程，而是应该根据能力库的版本，不断迭代你的专属能力库。

如何才能知道什么能力才是自己需要尽快提升的呢？怎样制定自己的专属能力库呢？

我推荐使用岗位素质模型法和榜样对标法。

岗位素质模型法

通常来说，不同的岗位类别对于能力素质的要求是有差异的。

如果你想成为优秀的项目经理，那么在人际交往维度，你需要掌握一个很重要的能力——跨部门沟通能力——因为项目经理往往要协调多部门的工作。如果你想成为产品或项目经理，那么，是否具有创新思维就显得非常重要。

职场通用能力库只是基础和引导，你要围绕自己的工作特点和成长阶段去收集信息，制定自己的专属能力库，并且随着自己职业的进阶不断迭代更新。

你可以去哪里收集信息呢？我之前就提过，招聘网站是个很不错的信息渠道。招聘信息上往往会写明某个岗位所需的能力和经验。

接下来，你要根据自己对目标岗位所需能力的了解，进一步完善自己的专属能力库。

榜样对标法

榜样对标法就是找到你的榜样，研究他所具备的能力系统，并以此为目标，制定自己的专属能力库。

什么样的人最合适做榜样呢?

你可以找以下三类人:

第一类: 处于这个领域金字塔顶端的人

这个领域，就是你希望能有所成长和突破的领域。找到在这个领域发展最好和最快的人。比如，你想做培训师，就可以向在个人职业发展领域最成功的演说家、咨询师博恩·崔西，世界潜能开发专家安东尼·罗宾等人学习。

第二类: 在国内细分赛道上数一数二的人

聚焦国内，借鉴性更强。同样是培训师，在不同的细分赛道会有不同的榜样。举例来说，选择做领导力方向的培训师，和选择做思维导图方向的培训师，对标的榜样一定是不一样的，这就是细分赛道的意义。

第三类: 你的上级，或者比较资深，但距离你较近的专业人士

建议选择"看得到、摸得着"的人，最好能直接向他请教。这样的榜样，也许不是全国最好的，但是由于他的情况与你相似，你们所处地域相同，会给你更多实操性的指导。

将他们作为你的对标榜样，认真分析他们的核心能力与职业发展路径，对你制订自己的个人能力成长计划和职业发展路径图，一定会有很多启发。

榜样对标时，一定要找共性和方法，而非"找借口"。

有人做榜样分析时，会从中"找到借口"：原来马云、马化腾之所以能够成功，是因为他们正好赶上了互联网行业的黄金时代，所以我跟他们没法比。这种想法就是找借口，这样的榜样对标是帮不到你的。你要去寻找与你有共性的榜样，以及成长的方法。

通过榜样对标法，你可以进一步梳理出自己的专属能力库。对比在第一节做的自身优势分析，你就可以很清楚地看到哪些是你占优势的能力、哪些是你不占优势的能力，从而找到目前你需要提升的关键能力。

关键能力，是对你的目标岗位很重要，但你又比较缺乏的能力。

思考关键能力，运用第三堂课讲解的目标分解法，对关键能力的提升进行具体的规划。这样，你就拥有了自己的个人能力成长计划。不要贪多，一年聚焦提升1~2种能力即可。只要你持续地提升自己，一年后的你一定会让一年前的自己惊讶不已。

除了从能力角度思考如何发展进阶，还有一个重要的维度，就是职业发展路径。

接下来，我们看看如何从职场发展的角度制定自己的发展路径。

— 职场发展路径 —

无论处于哪个行业，在职业发展上，都会遵循一个相似的路径——从职场小白到职场高手。但在这个过程中，会经历怎样的发展路径？在不同的阶段，又有哪些能力要求呢？

要想在职场做到100分，需要经历三个阶段：

从0到1：做个合格的职场小白

从1到10：从同龄人中脱颖而出，独当一面

从10到100：逐步成为职场高手

在这3个阶段，分别对应的核心能力又是什么呢？

从0到1：做个合格的职场小白

当我们初入职场或者刚进入一个新的领域时，首先要经历的都是从0到1的过程。

关键任务：得到上级和同级的信任，以获得更多的锻炼机会。

最重要的品质：诚实、执行力强。

三个关键能力：执行力、时间管理能力、自我管理能力。

两个心态：不怕出错，积极争取；重视基础性工作，展现诚实与细致——如果你总是害怕出错，就会在遇到机会时往后躲。其他人会觉得你工作不够积极。做好基础性工作，会体现出你出色的职业素养，别人也才会给你更多的机会。

关于如何把基础性工作做出新意，我们看一看学员Athena的故事。

Athena大学毕业后，进入了某外企。她用了近9年的时间，做到了大区级运营经理，但她越来越感到对工作失去了热情。通过积极探索，她决定转型成为一名企业培训师。虽然她已有多年工作经验，但在培训师这个领域，她还是个新人。

培训师的第一步是"跟着学"。她很幸运，因为她的老师是一位非常出色的培训师。她以助教的身份，跟着老师上课。助教做的都是基础性工作——联系企业、准备培训资料、布置会场、拍照录像，等

等。在连续几十天的课程中，她从未出过错。

不仅如此，她还给自己增加了许多任务：准备了很多暖场游戏，从而让同学们更好地进入状态；记录学员们上课时的反应，并在每次培训后反馈给老师；分组讨论时主动融入小组，和学员们一起讨论并且给予一定的辅导……

她的老师说，自己带过那么多助教，她是其中最优秀的一个。于是，老师正式收她为徒，给她提供了很多机会，帮助她更快地成长。

在从0到1这一阶段，要把别人交代的工作做得又快又好，如果像Athena一样，在做基础性工作时还能加入一些创新元素，就能让自己更快地获得认可。

这样，就能快速进入第二个阶段——从1到10：从同龄人中脱颖而出，独当一面。

从1到10：从同龄人中脱颖而出，独当一面

在从1到10阶段，自己可以独立完成工作，岗位职责也比较清晰。

关键任务：在同级中脱颖而出和明确发展方向。

脱颖而出的方式有两种，一种是专业方向，目标是成为技术骨干；另一种是管理方向，目标是成为管理者。

专业方向是要成为工作领域的"大牛"；而管理方向不仅需要你有不错的专业能力，在激发他人的能力、组织协调、整合资源、内外沟通等方面也都要有比较出色的表现，展现出可以成为团队Leader（领导者）的潜力。

到底是走专家型职业发展路径，还是走管理型职业发展路径，你

可以从下面两个角度进行思考：

个人优势和天赋

专家型重钻研，管理型重沟通。如果你想做专家型，但自己却是一个没有钻研精神的人，不愿意在专业领域深耕，那就很难做到。如果想做管理型，但自己却是一个不善于系统思考、沟通协调，厌烦带领团队或对管理工作不耐烦的人，那同样很难做到。

发展平台和机遇

不仅要考虑自身，还要考虑公司为你提供的平台。你要了解你所处的公司是否能够提供优质的专家型或者管理型职位。如果你想走技术大牛的路线，但公司并没有提供顺畅的晋升通道，那你想获得进一步的发展就很困难了。

确定了自己的发展方向，就知道相应的进阶路径了。

在从1到10的阶段中，明确下一步的发展方向非常重要，如果你没有这方面的意识，那么在熟悉了岗位工作后，很容易原地踏步，慢慢地成为一颗被组织整合的螺丝钉，或者流程固定的搬运工。

在这里，我又要请出已经出场三次的那位很喜欢定目标的肖律诗。他在实现了开一家律师事务所的理想后，跟我聊过一次他对1~10这个阶段的想法。

由于他所在行业的竞争非常激烈，所以，虽然他的专业知识比较扎实（司法考试市状元），但要想在整个行业脱颖而出，还是有一定的困难。于是，他决定在行业细分领域实现突破。

众所周知，建筑工程领域是法律事务多发领域，而知识产权（专利、著作、商标）领域则是未来法律事务多发领域。于是，他毅然报考了建筑工程专业，并准备在接下来的几年里啃下建筑咨询工程师和专利代理人等职称，成为律师界的建筑行业专家和知识产权专家。这样，他就能在原有的基础上实现较大的突破了。

我想，这既是他从1到10 的进阶路径，也是他给自己立下的新的Flag吧。

能够在工作中独当一面，并且明确了自己的发展方向，接下来，就进入了职场发展的第三阶段：从10到100，逐步成为职场高手。

从10到100：逐步成为职场高手

在从10到100的阶段，无论是专业技术类的岗位，还是管理类的岗位，都不再仅仅需要你完成执行类的工作——特别是管理类的岗位，而更需要具备项目管理、团队管理、跨团队协作的能力。

如果你想成为一名管理者，那么，除了专业能力外，还要重点培养自己的领导力。

随着领导力的逐渐提升，你有机会承担更大的责任，管理更多的团队。在发展的后期，你还需要培养自己的战略决策能力和创新能力。

从0到1，从1到10，从10到100。作为一名优秀的职场人，你要清楚地了解自己处于哪一个阶段，是否具备了当下阶段的要求，并能够根据个人职业发展路径制订个人的能力成长计划。

【实战作业】

综合榜样对标、通用能力库、发展路径，制定个人能力成长计划。

本章工具 & 实战

一 工 具 一

1. 职业测评工具介绍

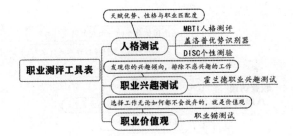

2. 优势报告书思维导图模板

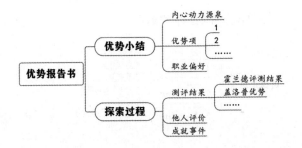

3. 不参加招聘会也能求职的八种方法

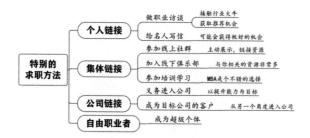

4. 职业调研八问法

5. MTV自我介绍思维导图模板

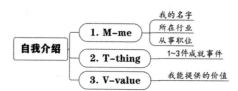

— 输出成果 —

输出自己的个人学习成果，这一课才算真正学有所得。

1. 优势报告书

2. 职业调研报告

3. 令人怦然心动的职业清单

4. MTV 自我介绍

5. 一份优质简历

6. 个人能力成长计划

7. 个人职业发展路径

▶▶尾声——一切从行动开始

潇洒姐王潇在她的新书《趁早》中提过，每个人都有自己想要的生活，有人就喜欢"勇猛精进"，学习、提升、成长，从而去经历、体验更大的世界，这是他们的选择。而有人更喜欢"混吃等死"——当然，在潇洒姐的书中，这并不是贬义词，而是另一种人生选择。无论你做何选择，都无所谓对错。

我想，我应该属于"勇猛精进"型吧，虽然我也爱玩，但是学习和成长本身也会带给我极大的乐趣。

幸福是一个过程，而不是结果。职业成果固然重要，但我希望每个人在学习、提升的过程中也能感受到幸福。当然，随着你越来越优秀，能够给家人、朋友、同事，甚至更多的人带去幸福感时，你会非常感激自己的"勇猛精进"。

本书的每一个主题都值得我们深入学习。先尝试，再根据自己的具体情况选定特定领域进行深度学习，并不断践行。

我特别喜欢俞敏洪老师说的一段话：

能够到达金字塔顶端的只有两种动物，一种是雄鹰，一种是蜗牛。雄鹰拥有矫健的翅膀，所以能够飞到金字塔的顶端，而蜗牛只能从底下一点点爬上去。

雄鹰飞到顶端只要一瞬间，而蜗牛可能需要爬很久很久，也许需要坚持一辈子才能爬到顶端，也许爬到一半滚下来，不得不从头爬起。但只要蜗牛爬到了顶端，它所到达的高度和看到的世界和雄鹰就是一样的。

我们大部分人也许不是雄鹰，但是，我们每一个人都可以拥有蜗牛的精神。我们可以不断地攀登自己生命的高峰，终有一天，我们可以在无限风光的险峰俯视和欣赏这个美丽的世界。

开始行动，持续行动吧，哪怕只是蜗牛，也能到达属于自己的顶峰。

坚信坚持和复利的力量，要知道，这世界上没有任何一株花可以今天播种，明天就绽放。

给自己一些耕耘的时间，岁月终将让一切水到渠成。

▶▶感谢

在此，我要郑重感谢杜西羚、肖瑜、邓恒、陈芋宇、张禹博、陈展、雷先莲、刘蛟、吴娇、范量、张依依、邢述文、李相弈（排名不分先后）在本书的撰写过程中给予我的大力支持。

▶▶附录 相关参考书

《幸福的方法》

《斜杠创业家》

《百岁人生》

《活出生命的意义》

《远见》

《斯坦福大学的人生设计课》

《拆掉思维里的墙》

《思维导图》东尼·伯赞系列丛书

《为什么精英都是方法控》

《为什么聪明人都用方格笔记本》

《思维力》

《金字塔原理》

《故事思维》

《你的团队需要一个会讲故事的人》

《开口就能说重点》

《好好说话》（上下）

《跟谁行销都成交》

《说服别人，只要三步》

《感召力》

《超级激励者》

《进化的大脑》

《请用数据说话》

《如何阅读一本书》

《快速阅读》

《这样读书就够了》

《快速阅读术》

《把时间当作朋友》

《番茄工作法图解》

《博恩·崔西的时间管理课》

《拖拉一点也无妨》

《坚毅》

《巅峰表现》

《卓有成效的管理者》

《每天最重要的2小时》

《你充满电了吗》

《意志力》

《睡眠革命》

《这就是OKR》

《自我导向行为》